クルマで楽しむアマチュア無線
モービル・ハム入門

クルマに無線機を取り付ければ，休日に楽しむドライブや，クルマを使う日常がもっと楽しくなる！インターネットやケータイ電話とはひと味もふた味も違ったコミュニケーションを実現する「アマチュア無線」をテーマに，その魅力と実践方法を一挙に紹介します． 　＜編集部＞

本書の見どころダイジェスト

無線のメリットと楽しさ
▶第1章 p.6から

第1章では，無線のメリットから「アマチュア無線」の楽しさ，魅力を紹介．資格や免許が不要な「ライセンスフリー無線」も紹介します．

無線の楽しさって何だろう？

これがモービル・ハムのアンテナ

バイクでも楽しめる！

ツーリングで大活躍！

本書の見どころダイジェスト

アマチュア無線の免許を取ろう
▶第2章 p.48から

第2章では，アマチュア無線に必要な免許の取得と申請の流れをガイド．個人で使える無線の中で最も自由度が高く，海外まで届く電波も扱えるので，無線工学と法律の勉強が必要なのです．試験は過去問攻略で合格圏内！2日の講習で免許が得られる国家試験免除の講習制度もあります．ちゃんと勉強すれば合格間違いなしです．

初級の資格なら国家試験免除の講習会もある

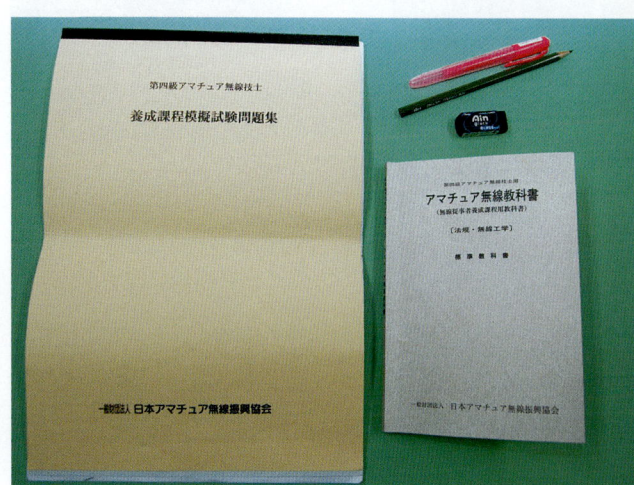

国家試験も講習会もテキストと問題集で勉強

無線局免許の申請はWebサイトで行える．手数料もお得に！

電子申請はインターネットにつながったパソコンがあればOK！

モービル・ハム入門 | III

本書の見どころダイジェスト

無線機とアンテナの取り付け
▶第3章 p.62から

第3章では，モービル・ハムを始めるにあたって必要なアイテムと，それらをクルマやバイク，自転車に取り付ける方法を考えていきます．

セダン・タイプのクルマへのアンテナの取り付け

ミニバンへのアンテナの取り付け

無線機の本体と操作パネルの取り付け

バイクへの無線機とアンテナの取り付け

本書の見どころダイジェスト

交信方法と手順を知る
▶第4章 p.102から

第4章では,「使う周波数」や「モード」に続いて「話し方」の基本を徹底解説.「友人・知人」との交信から「知らない人との交信」まで,使う周波数の選びかたから交信時の言い回しなども理解できます.

慣れるまで例文を見ながら話そう

出かけた先でちょっとした時間を見つけて楽しめる！

モービル運用を楽しむ女性ハムもいる

不特定局との交信はメモを取る必要があるので,停車して楽しみたい

無線機は走行中でも操作できるように設計されているが,細かい操作は停車中に

交信した証,「QSLカード」の交換も楽しい

モービル・ハム入門　V

モービル・ハム拝見

アクティブにアマチュア無線を楽しんでいる人たちにクルマに装備した無線機やアンテナのようすを見せてもらいました．

HF～1200MHzに対応しAPRSも楽しむ！

JA6BHL 上村 隆志さん ▶ TOYOTA PRIUS

JVCケンウッドのTS-480，TM-D710，TM-833を使用．アンテナは3.5MHz～30MHzで使える第一電波工業のスクリュー・ドライバ・アンテナ"SD330"を使いオールバンドに対応できている．プリウスはハイブリッド・システムの動作にともなう特有のノイズが短波帯（HF）に出るが，アース強化とパッチン・コアで軽減できたという．モービル用フレキシブル・マイク（アドニス電機製）を使用．PTTスイッチはワイパー・スイッチ部に取り付けられている．

モービル・ハム拝見

HF〜1200MHzまで対応，レピータや144MHz/SSBで交信を楽しむ

JM1KND 小宮山 眞司さん ▶ TOYOTA LEXUS

八重洲無線のFT-857とFT-2312の組み合わせで1200MHzまで対応，ほぼ毎日レピータや144MHz/SSBなどで交信を楽しんでいる．トランクに取り付けられているのは7MHz用モービル・ホイップ．

シンプルにFM&D-STARデジタル，APRSに対応

JQ1UCF 森村 国生さん ▶ TOYOTA PRIUS

アイコムの144/430MHz D-STAR対応機，IC-2820Gを取り付け，アンテナは最大2本．一方は八重洲無線のAPRS対応ハンディ機VX-8Dにつながっていた．

4台の無線機でFM/SSB/D-STARに対応

JA1ERM 阿美 勉さん ▶ smart-K

コンパクト・カーにアンテナを3本，無線機4台（アイコム IC-38とID-800，JVCケンウッド TR-751，八重洲無線 FT-2312）を取り付けてレピータや144MHz/SSBで交信を楽しんでいるそうだ．マイクも無線機の台数ぶんある．

モービル・ハム入門 | VII

モービル・ハム拝見

仕事で東京都内を駆け回っています

JM1PDT 関口 茂さん ▶ SUBARU SAMBAR（パネル・バン）

仕事の合間にアマチュア無線を楽しんでいる. 八重洲無線のFT-857とFT-2312でHF～1200MHzに対応. アンテナは車内のリモコンを使って電動で起き上がる.

シンプルな構成で楽しんでいます

JH1BOZ 高橋 康弘さん ▶ HONDA ACTY（バン）

仕事場への往復の時間を利用してアマチュア無線を楽しむ高橋さん. アイコムの144/430MHz FMトランシーバIC-208と1mほどのノンラジアル・モービル・ホイップを利用したシンプルな構成.

キャンピング・カーで楽しんでいます

7M1LMO 西須 廣志さん ▶ VOLKSWAGEN VANAGON

キャンピング・カーでアマチュア無線を楽しむ西須さん. アルインコの144/430MHzFM機DR-M50と標準的なノンラジアル・モービル・ホイップを使ったシンプルな構成だ.

アマチュア無線運用シリーズ

モービル・ハム入門

クルマで楽しむアマチュア無線

CQ ham radio編集部[編]

CQ出版社

はじめに

　本書は，クルマやバイクに無線機を取り付けてコミュニケーションを楽しみたい！という方に向けた，クルマで楽しむアマチュア無線「モービル・ハム」の入門書です．アマチュア無線という言葉だけは知っているが中身はよく知らない，免許はこれから取得するという方にもお勧めできます．

　本書では，アマチュア無線の楽しさから，アマチュア無線の免許の取得方法，クルマへの無線機器のセットアップはもちろん，交信の実例まで網羅しました．そして，資格が不要なデジタル簡易無線（デジ簡）や特定小電力無線などにも触れています．免許を取得しに行く時間がない，とにかく無線というモノをすぐにでも試してみたい！という方にも役立ちます．

　現在，海外交信や全国規模の交信が楽しめる短波（HF）から，モービル・ハムに最適なV/UHFまでをカバーした小型の無線機とそれにマッチするさまざまなアンテナが市販され，それらをクルマにセットアップすれば，メジャーなアマチュアバンドをすべて体験できるでしょう．

　技術の進歩も著しく，車に取り付けた普通の無線機とアンテナで全国各地の人たちと交信できるしくみや，GPSを活用し，クルマの位置や移動軌跡をWebサイトで見られるという，世界規模のネットワークも構築されています．知れば知るほど楽しさが広がる，奥が深い世界です．

　皆さんも，本書をバイブルに「クルマで楽しむアマチュア無線」を実践してみませんか？

もくじ

本書の見どころダイジェスト ………………………………………………… I
モービル・ハム拝見 ………………………………………………………… VI

はじめに ……………………………………………………………………… 2

第1章　無線のメリットと楽しさ ………………………………… 6

  1-1　無線のメリット ……………………………………………………… 6
  1-2　アマチュア無線の魅力 ……………………………………………… 10
  1-3　資格がいらない無線 ………………………………………………… 18
  1-4　クルマで楽しむアマチュア無線 …………………………………… 22
  1-5　バイク・自転車で楽しむアマチュア無線 ………………………… 34
  1-6　クルマで楽しむ新技術 ……………………………………………… 38
  1-7　災害時に期待されるアマチュア無線 ……………………………… 45
      コラム1-1　海外規格の無線機は要注意 ……………………………… 21
      コラム1-2　呼出周波数はどこにある? ……………………………… 24
      コラム1-3　「CQを出す」とは? ……………………………………… 25
      コラム1-4　資格不要の無線機も使える! ……………………………… 36

第2章　アマチュア無線の免許を取ろう ………………………… 48

  2-1　アマチュア無線の免許の取り方 …………………………………… 48
  2-2　無線局免許申請 ……………………………………………………… 53

もくじ

- 2-3 電子申請でやってみよう！ ………………………………………………………… 58
  - コラム2-1　古い無線機などで免許を得る場合 ……………………………… 54
  - コラム2-2　世界で一つだけのコールサイン ………………………………… 56
  - コラム2-3　免許関係〜知っていると便利な制度〜 ………………………… 60

第3章　無線機とアンテナの取り付け ………………………… 62

- 3-1 用意するアイテム ……………………………………………………………………… 62
- 3-2 クルマへのセットアップ ……………………………………………………………… 72
- 3-3 バイクへのセットアップ ……………………………………………………………… 86
- 3-4 自転車へのセットアップ ……………………………………………………………… 96
  - コラム3-1　無線機の設置環境による分類 …………………………………… 63
  - コラム3-2　モービル機の対応バンドによる分類 …………………………… 64
  - コラム3-3　設置方法による分類 ……………………………………………… 65
  - コラム3-4　モービル機の対応モードの傾向 ………………………………… 66
  - コラム3-5　モービル・ホイップは長ければ長いほどよい？ ……………… 69
  - コラム3-6　走行中のハンドマイクの使用は違反？ ………………………… 71
  - コラム3-7　貼り付けや固定に両面テープを活用！ ………………………… 75
  - コラム3-8　ボディ・アースの活用 …………………………………………… 78
  - コラム3-9　キーポジションに連動してリグのON/OFFを行う …………… 79
  - コラム3-10　写真で見るアンテナ取り付け手順 ……………………………… 82
  - コラム3-11　アンテナ給電部のアース対策（ボディ・アースの施工）……… 83
  - コラム3-12　ハイブリッド車などのノイズ対策 ……………………………… 84
  - コラム3-13　FTM-10Sのお気に入りはここ！ ………………………………… 90

もくじ

    コラム3-14　簡単にセッティングできるハンディ機 ……………………………… 94
    コラム3-15　FT1D/VX-8シリーズ用，自転車ハンドル用ブラケットの製作 ……… 99
    コラム3-16　サイクリングにはGPSロガーが面白い ………………………… 100
    コラム3-17　ハンディ機にピッタリなマイクを発見 ………………………… 101

第4章　交信方法と手順を知る　　　　　　　　　　　　　　　　102

  4-1　運用モードと使える周波数 ……………………………………………… 102
  4-2　交信の基本 ………………………………………………………………… 105
  4-3　FMモードを使った特定局との交信 ……………………………………… 108
  4-4　FMモードを使った不特定多数との交信 ………………………………… 112
  4-5　SSBモードを使った交信 ………………………………………………… 121
    コラム4-1　友人・知人との交信例 ……………………………………… 106
    コラム4-2　呼出周波数で待ち合わせる特定局との交信 ……………… 108
    コラム4-3　呼出周波数を利用した不特定多数との交信例 …………… 116
    コラム4-4　パイルアップという現象 …………………………………… 118
    コラム4-5　CQという言葉の後に付ける語句 ………………………… 120
    コラム4-6　SSBモードでCQを出す方法 ……………………………… 123

索引 …………………………………………………………………………………… 124
著者プロフィール …………………………………………………………………… 127

第1章
無線のメリットと楽しさ

本書のタイトルになっているモービルとは，おもに「車」を意味する「**移動体**」のこと．「**ハム**」とは，アマチュア無線やそれを楽しむ人のことです．この二つの単語を合わせたのがモービル・ハム．「車で楽しむアマチュア無線」です．第1章では，無線を使ったコミュニケーションの楽しさやモービル・ハムの魅力に迫ります．

1-1　無線のメリット

本書のテーマであるモービル・ハムとは「クルマで楽しむアマチュア無線」です．では，この電波を使ったコミュニケーション，「無線」を使うメリットとは何なのでしょうか？

メリット①「無線」では情報が同時に伝わる

「無線」での交信は，無線機のマイクについているPTTスイッチ（送信ボタン）を押している間，マイクでキャッチした声を電波に乗せて送信します（**写真1-1**，**写真1-2**）．このスイッチを押すのをやめると受信状態に戻ります．この送信と受信を交信相手と交互に繰り返して交信するのが，一般的に「無線」と呼ばれているものです．交信するには，周波数とモード（電波を使った伝送方法）を合わせ

写真1-1　モービル機（車載用無線機）のPTTスイッチ

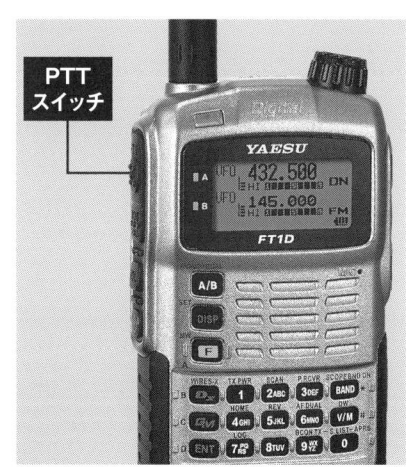

写真1-2　ハンディ機（手に持つタイプの無線機）のPTTスイッチ

第1章　無線のメリットと楽しさ

図1-1　無線を使った交信のイメージ
交信相手と送信，受信を交互に繰り返して通話を行う

図1-2　無線の特徴の一つ「同報性」
PTTスイッチを押して送信した音声は同時に電波が届く範囲にいる全員に伝わる．電波が良く飛ぶほど広範囲に伝わる可能性が高まる

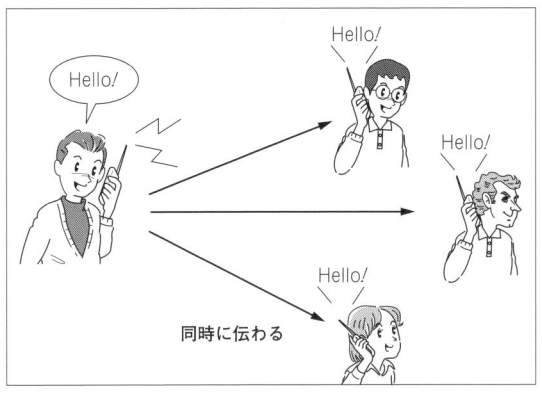

ます（**図1-1**）．

　送信した電波は，同じ周波数とモードに合わせている人たちに同時に聞いてもらうことができるので，情報を一斉に伝達できるというメリットがあります（**図1-2**）．

　例えば，複数台のクルマやバイクでツーリングやドライブを楽しむときに全車が無線を付けていると，一人の発言が同時に全車，全員に届くのでとても便利です．「この先の交差点を右折するので，そろそろ右側にレーン・チェンジしよう」と一人が言うと，それを聞いたすべてのクルマが一斉に右車線にレーン・チェンジします．そろって車線変更するようすは，まるで映画のワンシーンのようです．ルーム・ミラーを見て仲間の動向を気にする必要がないので，そういう意味では安全運転にもつながるでしょう．

　複数台ではなく1対1の交信でも，先行しているクルマと渋滞情報などを交換できたり，便利な情報ツールにもなりえます．

　このような使い方に慣れてしまうと，クルマに無線が付いていないと，物足りなく感じてしまうようになるかもしれません．

メリット②　グループで会話できる

　情報が同時に伝わるので，複数の人が一つの周波数を使って，井戸端会議のようにコミュニケーションできます．

　ただし，交信相手の顔が見えず，送信中は受信ができないので，話す順番をあらかじめ決めておくか，送信を終える前に，次は誰が話すかを指定するとスムーズに会話が進みます．このような交信を，アマチュア無線ではラウンドQSOと呼んでいます（**図1-3**．ラウンドは円卓，QSOは交信とい

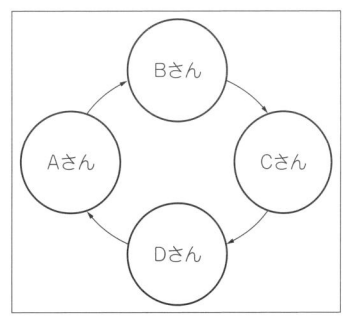

図1-3　複数の人で会話するラウンドQSO

モービル・ハム入門 | 7

う意味).

ラウンドQSOの会話に加わるには，誰も送信していない瞬間に「ブレイク！」と言って，話の輪の中に入れてもらうこともできます．アマチュア無線の場合は誰とでも交信できるのが前提ですが，ラウンドQSOを展開しているのは知り合い同士というケースが多いので，ブレークする前に雰囲気をよく読むことも大切です．知らない人同士の会話に「割り込む」のは，あまり行われていません．

メリット③ 散発的な情報伝達が得意

仲間同士での交信なら，会話を連続的に続けるのではなく，ときどき発言するような「情報を散発的に発信する」という使い方もできます．つまり，相手に伝えたい情報が出てきたときだけ，送信ボタンを押して発言するというやり方です．発言する内容がなければ，誰も話をしていない時間があっても問題がないので，運転しながら必要に応じて送信ボタンを押して話す，という使い方で十分です．

クルマを運転しているときには，運転操作が複雑で運転に集中すべきとき，ある程度余裕があるときなど，さまざまな状況が発生しますから，この点は大きなメリットです．

一方，携帯電話では，接続を維持した状態だと通話料金が気になることもあるでしょうし，また，車内の音声が筒抜けになります．かといって，伝えたいことがあるたびに電話をかけて，いちいち呼び出すのも大変ですし，運転中にそれをやることは，安全運転の観点からも問題です．

メリット④ 携帯電話が使えない場所でも無線はOK！

携帯電話は，基地局(通信インフラ)を経由して，二つの電話機が電波と電話回線網を介して通話する構造になっています．通話相手の遠い近いにかかわらず，基地局に電波が届かないと「圏外」になり通話できません(**図1-4**)．

山の上など見晴らしの良い場所にいるときで

図1-4 携帯電話のしくみ

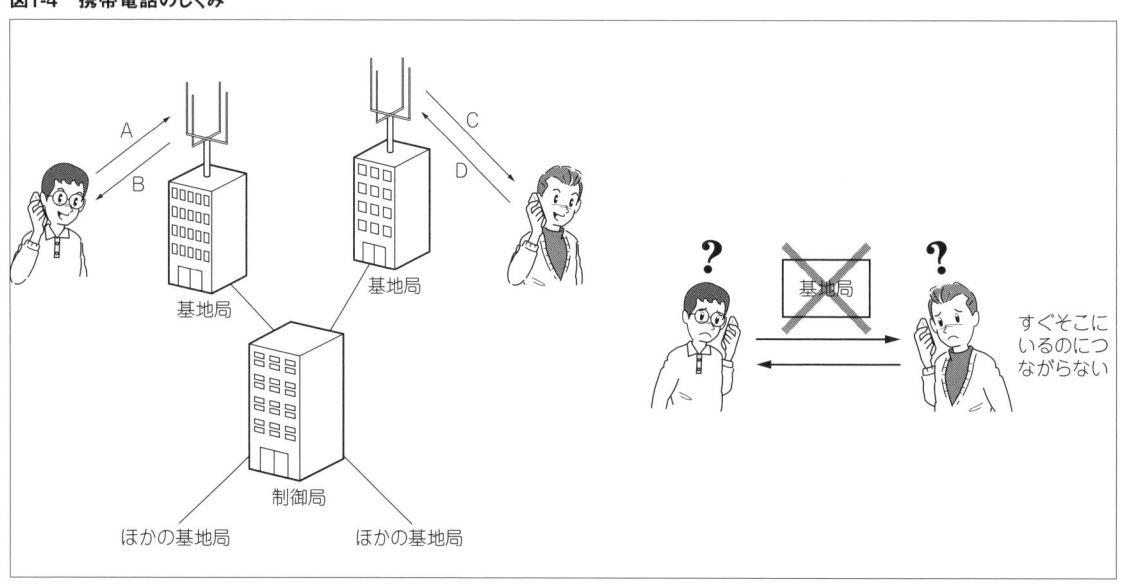

第1章　無線のメリットと楽しさ

図1-5　レピータ局リスト
アマチュア無線用レピータ局の周波数や設置場所の情報はWebサイト（**http://www.jarl.or.jp**）で公開されている

写真1-3　レピータ局の例

も，携帯電話が使えないケースが多々あります．これは，複数の携帯電話の基地局の電波が同時に飛び込んできて（混信して），経由する基地局が定まらないことが原因と言われています．

　無線の場合は，交信相手との間で，とにかく互いに電波が届きさえすればコミュニケーションできます．見晴らしの良い場所では想像以上に遠くの電波が受信でき，電波もよく飛びます．

　それから，過去の震災で多くの方が経験されたように，携帯電話の基地局，通信インフラが被災したり，被災を免れても通信量の総量規制などにより，災害発生時は携帯電話が使えないという状況も起こり得ます．無線は，携帯電話などほかの通信インフラが不通であるとき，強みになるでしょう．

　相手の電波が受信できて，自分の発射した電波が相手に届けば通話（通信）できることは，通信のしくみとしては原始的ですが，いざというときはこの単純な仕組みが頼りになります．

　アマチュア無線では，通話（交信）範囲を拡大するための中継局の利用もできます．これはレピータ（局）と呼ばれ，430MHz以上の周波数で運用されていて，アマチュア無線局ならば誰でも使えます（**図1-5**，**写真1-3**）．

　携帯電話の便利さでなかなか注目されない「無線」ですが，使うシーンによっては携帯電話より有用で，実力があるといえるでしょう．

（7M1RUL 利根川 恵二）

モービル・ハム入門　9

1-2　アマチュア無線の魅力

アマチュア無線は無線を使った私的なコミュニケーション・ツールです．無線機とアンテナがあれば，仲間との通話が楽しめるのはもちろん，不特定に向けて「交信しませんか？」と話しかけることで，それに応答した国内外の「知らない人」と話すことができます．

乗用車に付いているラジオのアンテナとはいっぷう違ったアンテナ(**写真1-4**)や，街中の個人宅に建っている鉄塔のようなもの(**写真1-5**)を見かけたことはありませんか？　そのほとんどがアマチュア無線用のアンテナです．

「アマチュア無線」は個人的な興味で利用する，趣味の無線局の位置付けで，仕事で利用することは禁止されています．

一方，仕事で使う無線は「業務用無線」があり，資格が要らない簡易なものから資格が必要な複雑なものまでさまざまです．それらは，それぞれの用途に応じて使いやすいように最適化されています(**写真1-6**)．

写真1-4　ラジオのアンテナのほかにアンテナが付いている場合は，アマチュア無線のアンテナである可能性が高い(業務用無線の場合もある)

写真1-5　街中に上がったアマチュア無線用アンテナの例

アマチュア無線のメリット

アマチュア無線は法律により，「金銭上の利益のためでなくもっぱら個人的な無線技術の興味によって自己訓練，通信及び技術的研究の業務を行う無線局をいう」と定義されています．それゆえ，アマチュア無線を楽しむことで自らのスキルを高めることができます．その代表的なものをピックアップしてみましょう．

■ いわゆる「電気」に強くなる

アマチュア無線の資格試験では，電気について

写真1-6　業務用無線機の例
業務用無線機はシンプルなものが多い

第1章　無線のメリットと楽しさ

写真1-7　アンテナ建設中のようす
アンテナの規模によっては自分で建ててしまう人も多い．それによってメインテナンスや改良も自力でできるようになる

写真1-8　コミュニケーション力を鍛えよう
マイクを握ってPTTスイッチを押せば「一人しゃべり」状態に．伝えたいことを整理してしっかり話す，を心がけたい

の基礎知識から，無線機やアンテナの原理や構造，電波について理解しなければ試験にパスできません．アマチュア無線の試験に合格するレベルになれば，電気や電波についての基礎知識が身につきます．

■ DIYに強くなる

クルマでも家でも，無線機やアンテナを取り付ける作業はDIY(Do It Yourself＝自分でやる)が基本です(**写真1-7**)．自然とDIY術が身についていきます．さすがに，**写真1-5**のような鉄塔を扱う場合は素人では無理にしても，車への取り付けなどはDIYで臨む人が多いようです．

■ コミュニケーション能力が鍛えられる

アマチュア無線は知らない人とも交信できる(交信する)環境が整っています．コミュニケーション能力も必要となり，意識的によりよい会話を追求していけば，交信が楽しくなってきます(**写真1-8**)．

■ ものごとを整理して話すことが得意になる

送信中は自分一人で話す必要があります．相手の表情は見えませんし，相槌を打ってくれることもないので，一度PTTスイッチ(送信ボタン)を押したら，相手の反応を見ることなく，伝えたいこ

とを整理して淡々と話さねばなりません．これに慣れれば人前でのスピーチも楽にこなせるようになるでしょう．

■ 普通の人では聞けない情報をキャッチ

アマチュア無線を楽しむ中で無線技術の理解が進むと，アマチュア無線用の周波数以外で行われている業務用無線や放送(おもに短波放送)などの存在に気がつくことでしょう．

最近の無線機には広帯域受信機能がついています．そのような無線機を使うと，短波(HF)では海外放送，V/UHFなら飛行機と地上との無線交信(エア・バンド)や鉄道無線，消防無線なども聞こえます．

聞くことは自体は自由です．電波を利用する側も聞かれる可能性があることを承知の上で通信を行っていますが，警察無線などはデジタル無線機(音声をデジタル信号に変換して伝送する無線機)が導入されており，聞くことができなくなっています．今後，そのほかの業務用無線もデジタル化が進んでいく予定です．

また，市販のアマチュア無線機はアマチュア無線用の周波数以外は送信できないように作られています．

アマチュア無線の楽しさとは？

■ 不確実さとオープンさ

アマチュア無線は各人が自分の環境や好みに合わせて自由に設備を組み上げることができ，法を逸脱しない範囲で自由に使うことができます．そのため，混信（ほかの電波と重複してしまい，聞こえづらくなる現象）を受ける可能性もあれば，不確実な要素が多分にあることが前提となっています．

アマチュア無線はオープンです．ほかの人の交信も聞こえますが，自分の交信もほかの人が聞くことができます．それが大前提となっていて，暗号の利用や秘話機能の利用はできません．

このような不確実さとオープンさに魅力を感じて楽しんでいる人が大勢います．

■ 時代の流れとアマチュア無線

携帯電話が普及する以前，個人が車や徒歩で移動しながら，外部とコミュニケーションする手段として，アマチュア無線（**写真1-9**）やパーソナル無線（1982年スタート，廃止予定）が使われていました．中でもアマチュア無線は強い電波が出せて，アンテナも自由に選べるので，通話できる範囲が格段に広く，よく飛ぶことから，たくさんの人がアマチュア無線の資格（無線従事者免許）を取得し，アマチュア無線局（以下，アマチュア局）を開設しました．

1987年（昭和62年）に大ヒットした映画「私をスキーに連れてって」（ホイチョイ・プロダクションズ制作）の登場人物たちが映画の中でアマチュア無線を使っていたのも，アマチュア局数増加の後押しになったと言われています．離れた車同士，そしてゲレンデで手に持ったトランシーバで会話をするというのは，斬新な印象を世の中に与えました．当時，そのような便利なアイテムはアマチュア無線以外，選択の余地がなかったという背景もあります．

そのころのアマチュア無線の周波数では，たくさんの交信が聞こえて，交信する人がいない周波数を探すのも難しい時代がありました．ある意味，これは移動体通信のニーズの高さを示していたのです．

写真1-9 1965年のCQ ham radio誌
50年以上前からモービル運用は行われていた

携帯電話が比較的安価で手軽に利用できるようになると，アマチュア局は減っていきました．携帯電話であれば，わざわざ免許を取得しなくても契約したその日から使えて，どこにいても話したい相手と通話ができ，混信の心配も，ほかの人に会話を聞かれる心配もありませんし，使用目的や会話の内容も制約を受けません．決まった人と会話ができればいいよ，という人には携帯電話のほうが便利だったことと，アマチュア無線を単なる連絡手段として利用する人が多かったことを示しています．

再び見直されるアマチュア無線

実は「無線」には携帯電話では実現できないことがあり，それを知っている人，メリットを感じて

第1章　無線のメリットと楽しさ

いる人が今でも大勢，アマチュア無線を楽しんでいます．その数は日本全国に約43万局(2013年3月末日現在)もいます(**図1-6**)．また，2011年3月11日に発生した東北地方太平洋沖地震(東日本大震災)以降，アマチュア無線の資格を取得する人が増加しています(**図1-7**)．

その理由として，アマチュア無線ではお互いに電波が届く位置関係にあれば通話できることと，電波の飛びをあらゆる面から追及できる自由と可能性があること．そして，家でもフィールド(陸上はもとより海上や上空)でも使えることなどが挙げられると思います．

ときに筆者は，アマチュア無線をやったことのない人から「どれくらい飛ぶの？」と尋ねられることがあり，そういうときは「地球の裏側まで飛ぶよ」と答えます．実際に地球の裏側まで電波を飛

図1-6　アマチュア無線局数の推移

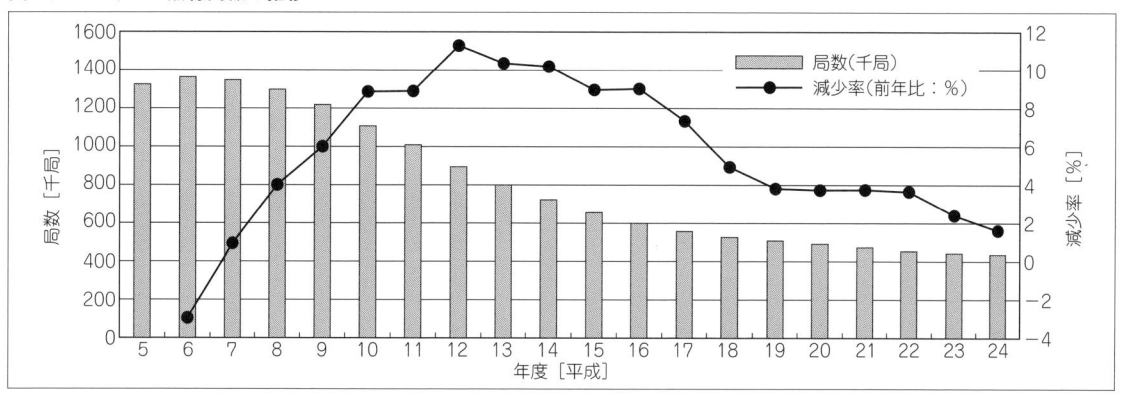

図1-7　新規資格取得者数の推移

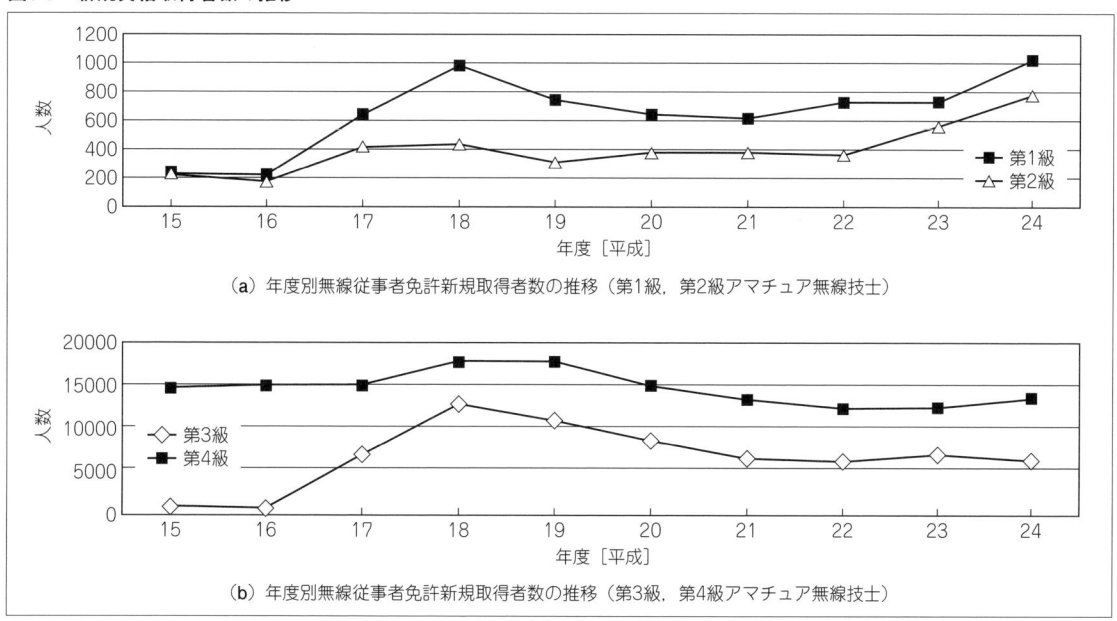

(a) 年度別無線従事者免許新規取得者数の推移（第1級，第2級アマチュア無線技士）

(b) 年度別無線従事者免許新規取得者数の推移（第3級，第4級アマチュア無線技士）

写真1-10 大きなアンテナを付けた車
アマチュア無線は利用バンド(周波数)やアンテナを工夫して遠距離通信にチャレンジできる.写真はHF用のアンテナを付けたスポーツ・カー

写真1-11 小さなアンテナを付けた車
小さなアンテナは電波の飛ぶ範囲も控えめだが,それでも十分に楽しめるのがアマチュア無線.写真は144/430MHzのアンテナを付けたセダン車

ばすには,時間やバンドを選び,ある程度の設備が必要になりますが,アマチュア無線では,設備を工夫したりグレードアップするなどして飛びを追及することも楽しみの一つであり,伝送するのは音声だけとは限らず,文字や画像を送る方法も確立されています.アンテナも原則的に何を使おうが自由です[クルマの場合は道路交通法上の高さ制限(3.8m以内)があるので要注意].自分の興味やニーズに合わせて,無線機やアンテナの設置方法を工夫できる自由があります(**写真1-10**,**写真1-11**).

このように,アマチュア無線には自由と可能性が満ちあふれているのです.

アマチュア無線で使える周波数と電波型式

アマチュア無線で使える周波数は,24か所におよび,それぞれに範囲(幅)持っています(**表1-1**).

この周波数の範囲をアマチュアバンドと呼び(単にバンドともいう),その使える幅や使われ方もバンドによって異なります.

バンドごとに異なるのは,電波の伝わり方(電波伝搬)です.周波数は波長という単位でも表されますが,波長で区分けしたのが,HF,VHF,UHFと呼ばれる名称です.大ざっぱに言えば,この区分けごとに電波の伝わり方が異なるというイメージです.

このうち,モービル・ハムでよく使われているバンドを順位づけすれば,VHFの144MHzとUHFの430MHzが首位になり,続いてUHFの1200MHz,VHFの50MHzとHFの7MHz,29MHzという結果になるでしょう.1.8~430MHzまでオン・エア可能な小型の無線機の存在や,3.5~430MHzの各バンドに対応したアンテナに豊富なラインナップがあることも,モービル・ハムの多彩な楽しみを私たちに与えてくれています.

■ モードと電波型式

交信するには,原則として周波数とモード(電波に伝送したい音声などを乗せる方式)を交信相手と一緒にしなければ交信できません.

モードを大きく二つに分けると,音声を伝送するモードと,文字またはデータを伝送するモードに分かれます.音声を伝送するにはFMまたはSSBが使われ,文字を伝送するには,モールス通信(CW)やパソコンを使った文字通信が使われます.モールス通信はプロの世界では過去のものに

第1章　無線のメリットと楽しさ

表1-1　アマチュアバンドと特徴．モービル運用の「お勧め具合」も付記した

略称	バンド(波長)	周波数範囲	FM	SSB	お勧め具合	備考
LF	135kHz(2.2km)	135.7～137.8kHz	×	×	×	音声通信不可
HF	1.8/1.9MHz(160m)	1810～1825kHz, 1907.5～1912.5kHz	×	×	×	音声通信不可
HF	3.5MHz(80m)	3500～3575kHz, 3599～3612kHz, 3680～3687kHz	×	○	△	7MHzほどではないがモービル運用も行われている(～3575kHz)
HF	3.8MHz(75m)	3702～3716kHz, 3745～3777kHz, 3791～3805kHz	×	○	△	モービル運用はほとんど行われていない
HF	7MHz(40m)	7000～7200kHz	×	○	◎	HFで最もモービル運用が盛んなバンド．昼間は国内全般，夜は海外へも伝搬する特性を生かして楽しめる
HF	10MHz(30m)	10100～10150kHz	×	×	×	音声通信不可
HF	14MHz(20m)	14000～14350kHz	×	○	△	電離層反射波による伝搬状況が良いときはモービルで海外交信も可能．クルマからオン・エアできるようにしておくとおもしろい
HF	18MHz(17m)	18068～18168kHz	×	○	△	
HF	21MHz(15m)	21000～21450kHz	×	○	△	
HF	24MHz(12m)	24890～24990kHz	×	○	△	
HF	28MHz(10m)	28～29.7MHz	○	○	◎	29MHz FMでモービル運用が行われており，根強いファンがいる
VHF	50MHz(6m)	50～54MHz	○	○	◎	モービル運用が行われているが，局数は少ない(空いている)
VHF	144MHz(2m)	144～146MHz	○	○	◎	モービル運用に最適なバンド
UHF	430MHz(70cm)	430～440MHz	○	○	◎	モービル運用に最適なバンド．レピータが利用できる
UHF	1200MHz(25cm)	1260～1300MHz	○	○	◎	モービル局の送信出力は1Wに制限される．レピータが利用できる
UHF	2425MHz	2400～2450MHz	○	○	△	
SHF	5750MHz	5650～5850MHz	○	○	×	
SHF	10.125GHz	10～10.25GHz	○	○	×	モービル運用の実績はほとんどなく，パラボラ・アンテナなどを使った拠点間通信が中心
SHF	10.475GHz	10.45～10.5GHz	○	○	×	
SHF	24.025GHz	24～24.05GHz	○	○	×	
EHF	47.1GHz	47～47.2GHz	○	○	×	
EHF	77.75GHz	77.5～78GHz	○	○	×	
EHF	135GHz	134～136GHz	○	○	×	
EHF	249GHz	248～250GHz	○	○	×	

なりつつある通信方式ですが，アマチュア無線の世界ではとても人気があります．趣味ゆえの現象でしょう．

　モービル・ハムで使われるのは，FMまたはSSBです．FMとSSBを同じ電波の強さで交信可能距離を比較した場合，SSBのほうがより遠くの局と交信できます．ところが，FMのほうが音質が良く周波数が合わせやすいなど，使い勝手上のメリ

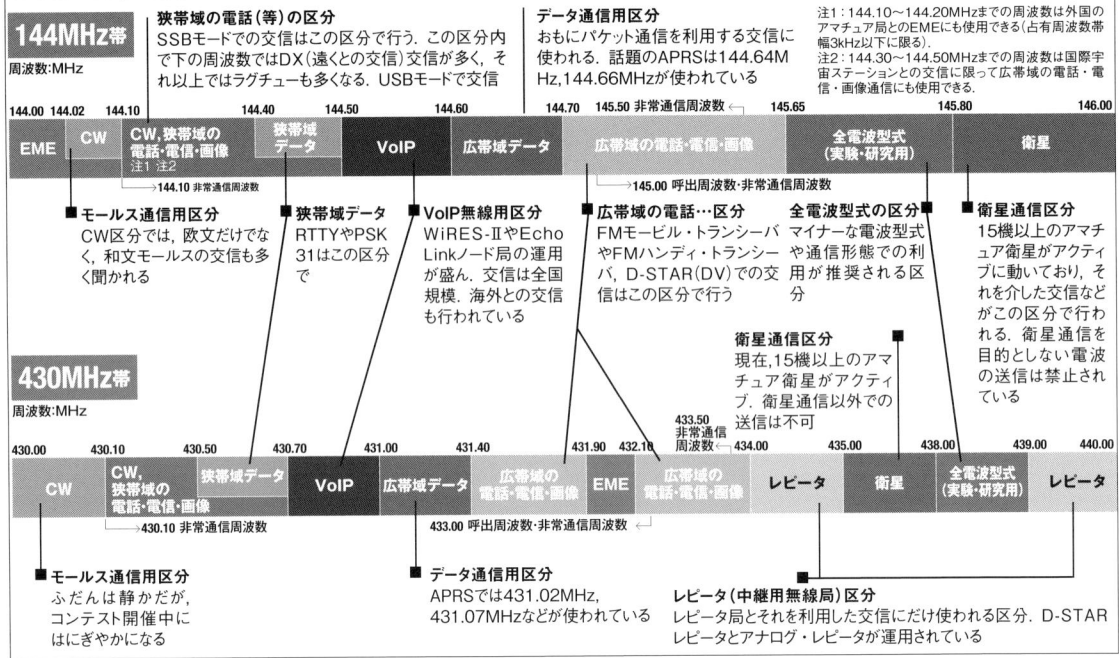

図1-8 144/430MHzの周波数使用区別(バンドプラン)
モービル運用はほかのバンドに比べて圧倒的に多く、さまざまなモードが実用化されているため、どのモードはどの範囲で電波を出せるかについて、細かく定められている。FMは「広帯域の電話」、SSBは「狭帯域の電話」になる

ットがあり、モービル・ハムではFMモードが主流です。それゆえ、FM専用で求めやすい無線機のラインナップが多数あります。

また、FMが使えるバンドは29MHz以上に限られています。さらに、アマチュアバンドの範囲内では、FMで使う周波数の範囲とSSBで使う範囲が周波数使用区別という法令により明確に分けられています(**図1-8**).

V/UHFの電波の伝わり方

モービル・ハムで最も人気があるバンドとモードは、144MHzと430MHzのFMモードです。使い勝手や設備の手軽さ、電波伝搬が安定していることが大きな理由です。

144/430MHzのようなV/UHFの電波が飛ぶ範囲は、**図1-9**に示すように原則として見渡せる範囲内ですが、電波が山やビルに反射するので(反射した電波は弱まる)、ビルの谷間を走るクルマでも電波はそれなりに飛んでくれます。

144/430MHzのバンドのようすは、平日と休日でガラリと変わります。平日昼間は、FMモードで知り合い同士や仲間とおしゃべり(ラグチュー)を楽しむ局が多く、夜や休日は、家や車の中からFMやSSBで、不特定多数の局と交信したり遠距離交信を狙う局などが増えます。

■ FMモードには呼び出し用の周波数がある

日常的に運用局が明らかに多いのがFMモードです。FMモードには「呼出周波数」という待ち合わせ周波数があり、そこを聞くと、知り合いとの交信(ラグチュー)を目的とした特定局の呼び出しから、不特定局の呼び出し(CQ)も聞こえてきます。地域的な違いもあり、人口が少ない地域では

第1章　無線のメリットと楽しさ

図1-9　144/430MHzの電波伝搬のようす（平常時のイメージ）

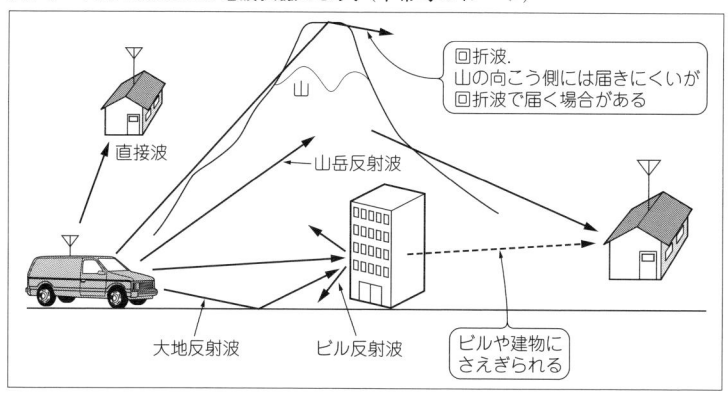

144MHzがよく利用されていて，人口が多い地域では144/430MHzともにまんべんなく利用されています．

HFの電波の伝わり方

　HF(短波)の電波は，そのまま上空に向かって上昇して，地球を取り巻く電離層に当たってはね返り，今度は地上に向かって下降していきます(**図1-10**，**図1-11**)．地上に当たると再び上空に向かって跳ね返るという動作を繰り返すなかで，地上の跳ね返り地域にいる局と交信できます．跳ね返りポイントではない部分は不感地帯（スキップ・ゾーン）といい，不感地帯にいる局とは交信できません．通常の交信では「スキップして交信できない」などと言います．電離層は常に変化していて，太陽活動や時間帯により電離層の活動や高さ，反射できる電波の周波数が変化していきます．

　この電離層の中には，スポラディックE層（略してEs層，またはEスポと呼ばれる）という短時間に突発的に現れる電離層があり(**図1-12**)，これは50MHz以上の電波も反射することがあります．Eスポが発生すると50MHzでも遠くまで電波が届きます．

（7M1RUL　利根川　恵二）

図1-10　電離層反射のイメージ
HFの電波の伝搬は直接波と電離層反射波が中心．直接波はアンテナの効率などの関係でV/UHFほどは飛ばないことが多いが，電離層反射では遠方に飛ぶ

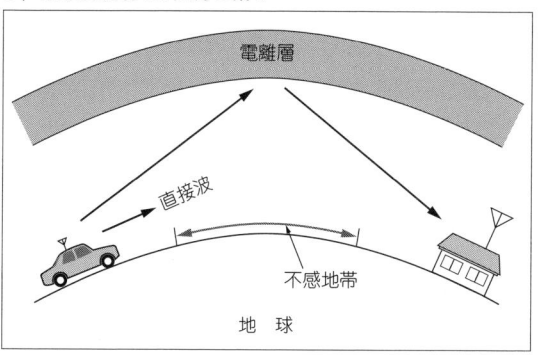

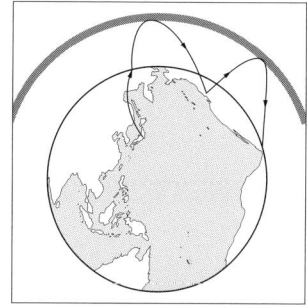

図1-11　電離層反射は1回で終わらない
電離層と地上の間を何度も反射することがある．反射の回数を「ホップ」と呼ぶ．伝搬状態がよい場合は地球を一周することもある

図1-12　スポラディックE層発生時のイメージ
春から夏にかけて現れるスポラディックE層はVHFの電波まで反射する性質をもつため，50MHzで海外交信ができたり，普段は聞こえてこない遠くのFMラジオ局が聞こえる場合もある

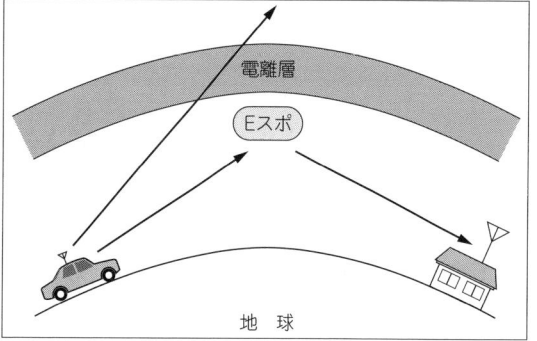

1-3 資格がいらない無線

　個人が趣味や技術的興味で使う無線なら飛びや自由度の点でアマチュア無線がベストです．しかし，アマチュア無線を楽しむには試験を受けて無線従事者免許を得たうえで無線局免許の交付を受けて初めて電波が出せるので，受験してから電波を出すまでに早くても3か月ぐらいかかってしまいます．

　待っていられない！という方や，勉強する時間がない，とりあえず無線の楽しさを味わってみたい，という方は，資格が不要（ライセンスフリー）な無線を試してみてはいかがでしょうか．

　表1-2に現在使うことができるライセンスフリー無線と図1-13に通話可能距離の目安を記します．

特定小電力無線（特小）

　買ったその場ですぐに使える，資格や手続が不要な無線です（写真1-12）．トランシーバの販売価格が1万円/台を切るものもあり，購入しやすいのが特徴です．

　無線機を購入してすぐに使うことができ，電波利用料もかかりません．無線機は「特定小電力トランシーバ」として無線機器販売店はもちろん，

表1-2　現在メジャーな資格不要無線制度の概要まとめ

名　称	資　格	手続き	周波数(MHz)	チャネル数	出力（最大）	備考
特定小電力無線	不要	不要	422	20	10mW	単信用
			440/421	27	10mW	復信用/レピータ用
デジタル簡易無線 3R登録局	不要	登録申請必要※	351	30	5W	単信用のみ
市民無線	不要	不要	27	8	500mW	現行市販機なし
パーソナル無線	不要	不要	902	158	5W	平成27年11月30日まで

※ 登録申請書は各地域を管轄する総合通信局に提出する

図1-13　特定小電力無線とデジタル簡易無線（登録局）のハンディ・トランシーバを付属のアンテナで使った場合の通話可能距離の目安

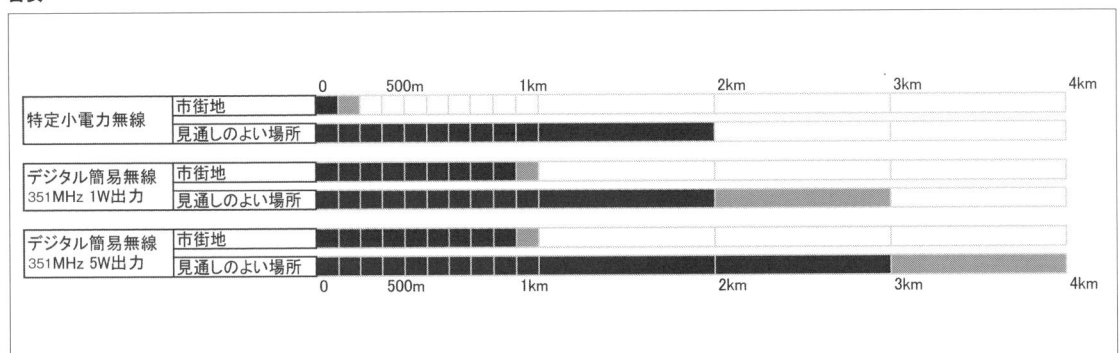

第1章　無線のメリットと楽しさ

写真1-12　特定小電力無線機の例
手続き不要．資格不要ですぐに使える

が特徴で，個人から会社までさまざまなところで利用されています．無線機自体も1台あたり1万円ぐらいの価格から購入できるので，かなり普及しているといえるでしょう．

特定小電力無線は，小さな出力で電波を遠くまで飛ばなくして，混信する可能性を極限まで減らし，よりたくさんの人が利用できるように設計されている制度です．

もしクルマで使うのであれば，窓際のドリンク・ホルダや携帯電話ホルダにセットして，ヘッドセットや外部マイクの使用をお勧めします（運転中に無線機本体を手に持って運用することは道路交通法違反に問われることがある）．

家電量販店でも売られていることがあります．

仕事からレジャー，趣味まで用途を問いませんが，無線機の改造や外部アンテナをつなぐことはできません．

10mWという小さい出力（小電力）のため，電波はあまり飛びませんが，屋内外で気軽に使えるの

デジタル簡易無線（登録局）

デジタル簡易無線（3R登録局）とは351MHzを使った出力5W以下の無線制度で，資格は不要．総務省総合通信局への登録申請のみで使えるものです（**写真1-13**，**写真1-14**）．これは簡易無線と呼ばれる仕事用のものを（仕事以外の）レジャーでも使

写真1-13　デジタル簡易無線機（登録局）の例
車載型の八重洲無線 VX2901

写真1-14　デジタル簡易無線機（登録局）の例
ハンディ・タイプをクルマで使う人も多い

モービル・ハム入門 | 19

えるようにしたもので，平成20年の法令改訂により制度化され，「デジ簡」と呼ばれて親しまれています．

デジタル簡易無線（3R登録局）のトランシーバを使うには，購入後，無線機のシリアル番号などのデータを管轄の総合通信局に登録申請し，登録状が交付された後に利用することができます．個人はもちろん任意団体，法人名義での登録が可能です．

無線機やアンテナは認定された市販品以外は使えません（ラインナップは豊富です）．無線機は携帯型（ハンディ機）と車載型（モービル機）があり，「3R登録局」と書かれた製品を使うユーザー同士は自由に交信できることから，呼び出しチャネル（15ch）で不特定局に呼びかけて（CQを出して），15ch以外のチャネルで交信するという，アマチュア無線のような使い方も行われています．コールサインは，昔CB無線が免許制だった時代のCB無線用のコールサインに習い「地域名＋アルファベット2文字以下＋数字」という構文で，各ユーザーが自由に決めています．

ハンディ機は原則として外部電源につなぐことができないので車で運用する場合は車載用に設計された「モービル機」と呼ばれる機種がお勧めです．登録が終わると，登録台数ぶんの電波利用料（1台あたり450円または500円）がかかり，登録の有効期限は5年間です．

■ **デジタル簡易無線（登録局）の飛距離を伸ばす**

飛距離はハンディ・タイプの無線機で市街地で1kmほど，見晴らしのよい平地で3～4kmほど，山の上からでは数十km以上飛びます．クルマの場合は屋根やトランクにつけるような外部アンテナを利用することで通話可能距離を伸ばすことができます．

市民無線／パーソナル無線

ライセンスフリー（資格不要）で楽しめる無線制度としては古いもので，根強いファンが現在も運用しています．

■ **市民無線（CB無線）**

CB無線は27MHz帯で出力は500mWです．電波型式はAMです．昔は資格不要ながら免許が必要だったのですが，今は免許制度が廃止され，技術基準適合証明を得ているCB無線機であれば資格・免許がなくても使用できます．短波帯（27MHz）を使っているために，電離層反射による通信ができる場合があり，ときに500mW出力でも1000km以上離れた場所にいる人とも交信できることから

写真1-15　CB無線機の例
現在でもネット・オークションで入手できる可能性がある

写真1-16　パーソナル無線機の例
制度自体が廃止になり，事実上，デジタル簡易無線（登録局）がそのニーズの受け皿になる

第1章　無線のメリットと楽しさ

か，今でも趣味で交信を楽しんでいる人がいます．

残念ながら，CB無線機(**写真1-15**)は現在のところ製造・販売されていませんが，制度としては存続しており，当時の無線機を大切に使い続けている根強いファンがいます．

アンテナが大きく，無線機に付属しているアンテナしか使えないため，クルマでの利用には向きません．

■ パーソナル無線

パーソナル無線(**写真1-16**)は携帯電話の周波数(いわゆるプラチナ・バンド)にほど近い，902MHzのFMモード，出力は5Wで，外部アンテナも利用できます．資格は不要ですが，免許が必要な無線制度です．免許の期限が平成27年11月30日までと決まり，制度自体が廃止されます．

(7M1RUL 利根川 恵二)

コラム1-1　海外規格の無線機は要注意

インターネット通販やインターネット・オークションなどで売られている無線機の中には，海外仕様のCB無線機やFRS(Family Radio Service)およびGMRS(General Mobile Radio Service)というものがあります(**写真1-A**)．これらは，米国の規格に基づき製造された，米国で使用するために販売されている無線機なのでそのままでは日本国内では使えません．

FRSやGMRSをそのまま日本国内で使用すると，放送局の無線や消防無線，防災行政無線などに妨害を与える恐れがあり，海外仕様のCB無線機を利用すると漁業無線などに妨害を与える恐れがあります．

日本国内で，これらの無線機を使用したり，電波が出せる状態で持っていると，電波法第4条違反として，摘発の対象となります(**図1-A**)．

● 日本で使えない無線機の見わけかた

資格不要をうたっている無線機で，技適マーク(**写真1-B**)がついていない製品は使用できない無線機として判断してよいでしょう(微弱電波を利用している玩具のトランシーバなどを除く)．

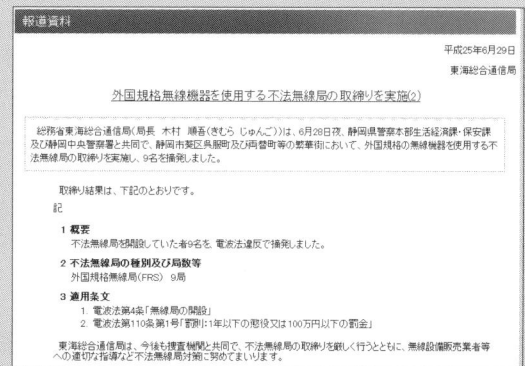

図1-A　外国規格無線機器使用者の摘発を伝える報道資料

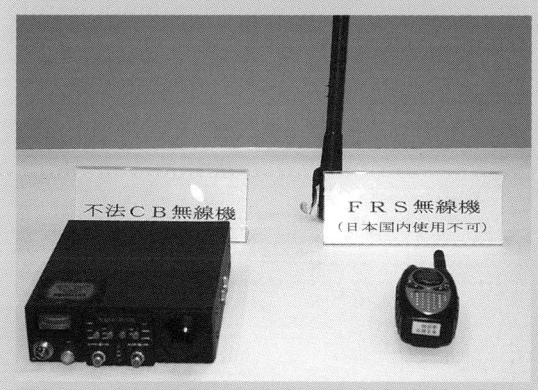

写真1-A　日本で使えない米国向け市民ラジオ(CB)と資格不要無線機(FRS)の例

写真1-B　技適マーク

1-4 クルマで楽しむアマチュア無線

ここまで，資格が不要な無線制度から資格が必要なアマチュア無線まで，個人で開設できる「無線」を紹介しました．

特にアマチュア無線では「不特定多数と交信ができる」ことが前提で「使える周波数が豊富」「よく飛ぶ」が大きな特徴です．

一方，免許や資格が不要な特定小電力無線やデジタル簡易無線などは，認可された無線機やアンテナに限られ，使える周波数は数十チャネルですが，操作が簡単で特定の人やグループで行う通信に便利なように設計されているので，仕事仲間と交信するのみ，というニーズならデジタル簡易無線のほうが便利かもしれません．

ここでは，アマチュア無線とクルマの特性を生かした「クルマで楽しむアマチュア無線」の楽しみ方を紹介しましょう．

モービル・ハムにはFMモード，144/430MHzがお勧め

モービル・ハムを始める方に最もお勧めできるバンドとモードは，144MHzと430MHzのFMです．このバンドでは電波の届く範囲が見通せる場所に限られますが，オン・エアできる人が多いので，

写真1-17 典型的な144/430MHzのアンテナを取り付けたモービル局の例

友人や知人との交信から，知らない人との交信まで簡単に楽しめます．このように，人口が極端に少ない地域を除いて，常に交信相手にこと欠かないこともメリットの一つです．

また，144MHzと430MHzは市販されている無線機やアンテナのラインナップが豊富で，市販品を新品でそろえる場合，最も安価にモービル・ハムを始められるバンドとも言えます．

普段，無線を楽しむ時間がない人も，とりあえず144/430MHzの無線機とアンテナだけはクルマに付けているという人も意外と多いようです（**写真1-17**）．

■ そのほかのバンドは？

FMモードが使えるバンドはほかにもありますが，144/430MHzに比べて運用局数が少ない傾向があります．しかし，運用局数が少ないということは，ちょっと変わった楽しみ方ができたり，混信の可能性が少ないというメリットがあります．次にモービルとFMモードという視点から，各バンドの概要を紹介します．

第1章　無線のメリットと楽しさ

● 29MHz/FM

　29MHzはHF（短波）で唯一，FMモードで運用できるバンドです．春から夏にかけての昼間は電離層反射を使った遠距離交信が期待できます．とはいえ，常に電離層を利用した遠距離交信ができるわけではなく，伝搬状況は天気のような気まぐれさがありますが，それも楽しみの一つともいえます．29MHzは「テン・メータ」と言われて親しまれており，モービル運用を日常的に楽しむ根強いファンもいます．

● 50MHz/FM

　春から夏にかけて，スポラディックE層（Eスポ）という突発的かつ持続時間も短い電離層が発生することがあり，これは50MHzの電波も反射することが多いので，普段は交信できない地域の局と交信できることがあります．ただ，50MHzのFMモードは全国的に運用する人が少ないので，たとえEスポが出ていてもFMモードを聞いているだけでは気が付かない場合もあります．50MHzで不特定の局との交信を望むなら，SSBにも対応しておくとよいでしょう．

● 1200MHz/FM

　1200MHzはFMモードの運用が中心です．モービルなどの移動局は送信出力が1Wに制限されますが，後述の「レピータ」を使えば1Wでも実用的な交信が楽しめます．CQを出して交信する人は少なく，モービルからは友人・知人との近距離交信，レピータを使った交信が中心となるでしょう（**写真1-18**）．見晴らしのよい場所からオン・エアすると，驚くほど遠方まで届くことがあります．

「呼出周波数」を使おう

　FMモードの良いところは，待ち合わせ場所ともいえる呼出周波数（**写真1-19**）があることです．これは各バンドに一か所しかなく，FMモード専用です．この呼出周波数は，「誰でもよいので交信したい人」，「友人・知人と交信したい人」などさまざまな動機を持った大勢の人が，受信したり呼びかけたりしています．

　呼出周波数に合わせておけば，ダイヤルをぐるぐるまわして（周波数を変えて）交信する相手を探さなくても，交信相手が見つかります．友人知人の呼び出しもこの周波数でOKです．とかく運転中の無線機の操作は避けるに越したことはないので「とにかくここに合わせていればよい」というスタイルはモービル・ハムにぴったりです．

■「呼出周波数」で見つけた相手との交信は？

　呼出周波数をワッチしていると「CQを出す人」

写真1-18　1200MHzに対応したモービル
右側のアンテナは144/430MHz，左側が1200MHz用

写真1-19　144MHzの呼び出し周波数にあわせた無線機（例）
八重洲無線　144MHz FMトランシーバFT-1900

モービル・ハム入門　23

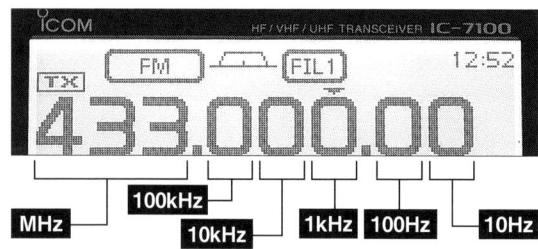

写真1-20　無線機の周波数表示と単位

や「友人・知人を呼ぶ人」の声が聞こえてきます．それに答えて呼びかけることで交信が始まります．

呼出周波数で見つけた相手との交信は呼出周波数以外の周波数で行います．呼出周波数から移る先の周波数は呼出周波数からあまり離れていない周波数を使い，周波数は10kHz台が偶数または0になる周波数を使うのがルールです（**写真1-20**）．具体的な方法は第4章の運用編で紹介します．

「呼出周波数」を利用した楽しみ方のいろいろ

友人・知人との交信は楽しいものです．それ以外にアマチュア無線の楽しみには不特定多数との交信，すなわち「知らない人との交信」があります．それは「CQを出す」ことで可能です（**コラム1-3参照**）まずは，そのような楽しみ方をピックアップしてみましょう．

■ 呼出周波数で積極的にCQを出して楽しむ

クルマに乗ったとき，呼出周波数で積極的にCQを出して，交信を重ねるうちに，以前にも交信した人と再び交信するようになっていきます．2回，3回と同じ人と交信するうちにお互いに打ち解けて親しくなる人も出てくるでしょう．このように人間関係の幅を広げていけるのもアマチュア無線の醍醐味といえます（**写真1-21**）．

そのような人間関係がかたち作られていく中で親しくなった人（友人や知人と呼べる局）はアマチュア無線の俗語で「ローカル局」と呼びます．呼出周波数を聞いていると「CQローカル」という呼び出しが聞こえることがありますが，これは近所（ローカル）の局を呼び出しているわけではなく，友人・知人の呼び出しを意味します．

■ 出かけた先で交信を楽しむ

例えば，クルマで旅行に出かけたときに，144/430MHzでCQを出すと，V/UHFの伝搬特性上，地元の人が応答してくれるので，その人にご当地情報などを尋ねてみるのも楽しいものです．

自宅で遠距離交信を楽しんでいれば，遠方にも親しい人が出てくるかもしれません．ドライブがてら親しくなった人に会いに行くというのはいか

コラム1-2　呼出周波数はどこにある？

呼出周波数は50MHz～10.4GHzの各バンドにあり，これらは法律で定めています．その法律条文にはFMモード専用で通信内容も連絡設定を行う通信に限ると書かれていますから，交信相手が見つかったら（呼び出して応答があったら）別の周波数へ移って交信します．

呼出周波数では，交信相手の呼び出しとどこの周波数に移るかの打ち合わせ程度の交信に留めるのが一般的です．

呼出周波数一覧

バンド	呼出周波数
29MHz	29.30MHz※
50MHz	51.00MHz
144MHz	145.00MHz
430MHz	433.00MHz
1200MHz	1295.00MHz
2400MHz	2427.00MHz
5600MHz	5760.00MHz
10.4GHz	10.240GHz

※29MHzのみ，法定ではなく慣習による呼出周波数．呼出周波数はFMモードで利用する（D-STARなどのデジタル音声モードは使用不可）

第1章　無線のメリットと楽しさ

写真1-21　呼出周波数で積極的にCQを出そう！

がでしょう．集合場所が近くなったらアマチュア無線で道を教えてもらいながら目的地まで誘導してもらう，ということもできます．

■ **同じ渋滞の中にいる人と交信できる(?)**

アマチュア無線人口がピークのころには，渋滞の中で「CQを出す」と同じ渋滞に居合わせた同じ境遇の人から応答があることもよくありました．イライラも解消できることもあり，お互いに暇つぶし(?)にもなり楽しいものです．今でも時々そのようなことがあるようです．

■ **いざというときに助けてもらう**

非常時には「呼出周波数」で呼びかけてみるのも一つの方法です．遭難したり，災害時の救援は「呼出周波数」での呼びかけがきっかけになったこともあります．

例えば，携帯電話などが通じない山奥や携帯電話が圏外のとき，災害に遭遇して救助が必要となった場合，「呼出周波数」で呼びかけてみましょう．

また，災害が発生したときは呼出周波数を聞くようにします．

自分が出した電波は誰でも聞ける，逆にほかの人の通話も聞くことができて交信もできる，というアマチュア無線のオープンな環境がいざというときに強みになります．

■ **仲間や友人・知人との交信を楽しむ**

呼出周波数で待ち合わせたり，あらかじめ周波数を決めておき，そこで待ち合わせして交信を楽しむこともできます．あらかじめ決めた周波数は待っている間にほかの人が使い出す可能性があるので，呼出周波数の利用が適切でしょう．

平日のV/UHFは仕事中にクルマで移動しながら知り合い同士で交信しているグループでにぎわっています．

■ **気楽に楽しもう！**

V/UHFの電波を使って交信するだけでも楽しいですし，積極的に交信を行ううちに，人のつながりが広がっていきます．知り合った人と実際に会ったり，催されたオフ会(飲み会?)に行くのが楽しい，という人も大勢います．楽しみ方は人それぞれ，アマチュア無線を楽しむ人の数ほどあると言ってもよいかもしれません．気軽に呼び出し周波数でCQを出してみませんか？

コラム1-3　「CQを出す」とは？

交信できる人がいないか呼びかけることを「CQを出す」と言います．もちろん，CQを出している局をこちらから呼んでもかまいません．

CQはそのままシーキューと発音します．Come Quickの略号と言われていますが，無線では「誰でもいいから応答して」という意味です．CQの扱いについては法律で定められていて，無線局運用規則 第127条などがそれにあたります．

モービル・ハム入門　25

写真1-22 レピータ局のアンテナと局舎の例　　写真1-23 アナログ・レピータのレピータ装置

レピータを使って楽しむ

　430MHzと1200MHzにはレピータという中継局があり，電波が良く飛ぶ山や高い建物の上などに設置されています(**写真1-22**)．レピータを使うことでレピータの電波が飛ぶ範囲(アクセス可能範囲)にいる局と交信することができます(**図1-14**)．例えば，茨城県の筑波山に設置されているレピータは茨城県内はもちろん千葉県，埼玉県，東京都の一部もアクセス可能範囲ですから，茨城県内と東京都内のモービル局同士で交信できる可能性があります．

■ レピータは2種類ある

　レピータには普通のFMモードの無線機で使えるアナログ・レピータとD-STAR対応の無線機で使えるD-STARデジタル・レピータの2種類があります．

　アナログ・レピータ(**写真1-23**)は歴史的な背景から友人・知人との交信が中心で，アナログ・レピータでCQを出して交信することはほとんど行われていないので，不特定多数との交信を望む方には向きません．

　一方，D-STARレピータ(**写真1-24**)は，インターネットで音声を伝送して日本国内・海外の人との交信ができることもあり，友人・知人との交信はもちろん，CQを出して気軽に交信できます．

■ レピータの情報は？

　レピータの周波数や運用情報は日本アマチュア無線連盟のWebサイトや，CQ ham radio誌(CQ出版社刊)

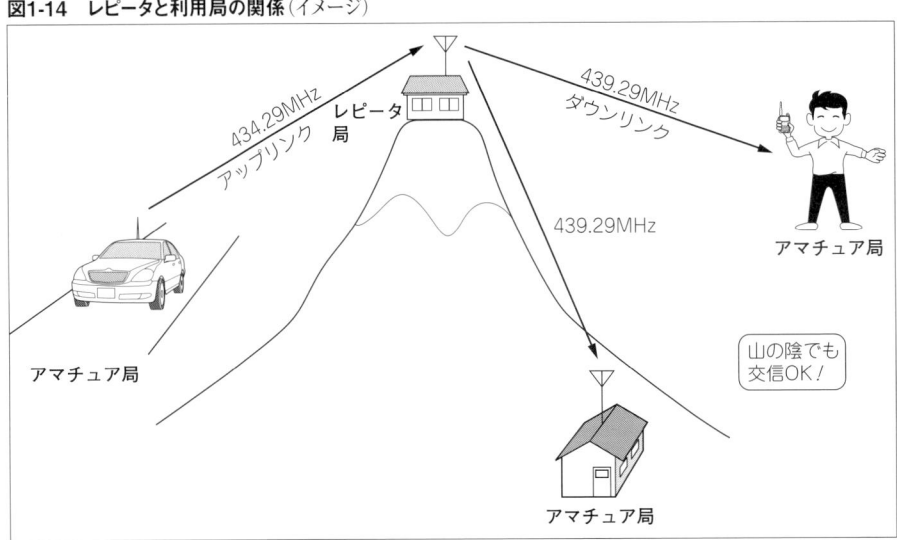

図1-14 レピータと利用局の関係(イメージ)

26 モービル・ハム入門

第1章　無線のメリットと楽しさ

写真1-24　D-STARレピータ局の例
スカイタワー西東京に設置されているレピータ装置とアンテナ

写真1-25　レピータ局の情報は，CQ ham radio誌1月号付録の「ハム手帳」に掲載されている

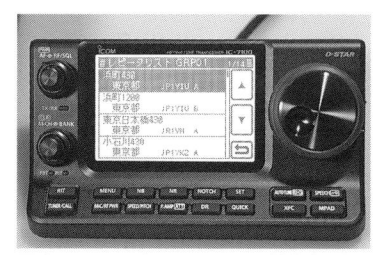

写真1-26　現行のD-STAR対応無線機にはD-STARレピータのリストがすでにメモリされているので，レピータを選ぶだけで交信できる（DRモードを利用する）

写真1-27　レピータ局の免許状
レピータ局は日本アマチュア無線連盟が免許人

の毎年1月号に付録として付いてくる「ハム手帳（**写真1-25**）」に掲載されているほか，D-STARレピータはD-STAR対応無線機（現行機種）にあらかじめ登録されているので，いちいち印刷物を見て周波数を合わせる必要はありません（**写真1-26**）．

■ レピータの長時間利用はNG

レピータは公共性が高く，皆で共用するものですから，原則として，特定の人たちが長時間使い続けることは避けるのがルールです．目安として，一回の交信は10分以内に切り上げて，連続して使わないようにすれば，ほかの利用者に不快感を与えないようです．

なお，レピータ局は日本アマチュア無線連盟（JARL）に免許されていて（**写真1-27**），原則としてJARL会員で組織されたボランティア団体（管理団体）が設置費用から維持費用までのすべてを負担して運用していますが，JARL会員だけではなく，アマチュア無線局なら誰でも使うことができます．

SSBモードでより遠くの局と交信

FMモードは音質が良好で使いやすい，という特徴があり，モービルにお勧めのモードですが，アマチュア無線ではそれとは別にSSBというモードもあります．

SSBモードの特徴は，FMモードよりも音質は劣るものの，同じ送信出力（電波の強さ）で電波を発射した場合，SSBモードのほうがより遠くの人と交信ができるという特徴があります．また，全国/全世界規模の交信が楽しめる短波（HF）のうち28MHzより下のバンドではFMモードは免許されず，SSBモードが使われていますから，HFを使った音声交信にはSSBが必須とも言えます．

モービル・ハム入門　27

写真1-28　SSBモードを受信中の無線機

写真1-29　遠距離交信を狙う固定局のアンテナ

　なお，SSBにはLSBとUSBがあり，国際的に10MHzより下はLSB，V/UHFを含む10MHzより上はUSBを使うことになっています(**写真1-28**)．

■ **SSBモードには呼出周波数がない**

　SSBモードではその特性と運用慣習から周波数ステップの概念がありません．FMの場合だと10kHz台が偶数の周波数を使うという慣習的な決まりにより，「チャネル」という概念があり無線機の操作も簡単でしたが，SSBにはそれがなく呼出周波数もないので，無線機の周波数ダイヤルをぐるぐる回して，交信相手を探すことになります．

　無線機の操作が難しくなるので，モービル・ハムの入門者にはお勧めできないモードかもしれませんが，停車した状態で楽しむことを前提に考えている方には注目すべきモードです．また，アマチュア無線を思う存分に楽しむには必要不可欠なモードともいえるでしょう．

■ **SSBモードでは遠距離交信狙いの局が多い**

　SSBモードは各バンドともに固定局，すなわち自宅などから利得のある(よく飛ぶ)アンテナで遠距離交信を狙う人(**写真1-29**)が多いのが特徴です．特にHF(短波)の場合はその傾向が顕著といえるでしょう．しかし，モービルでSSBを楽しむ人は大勢いますからあきらめる必要はありません．

■ **コンパクトな多バンド対応機の存在**

　10年以上前から，HF〜430MHzまでの各バンドとFM/SSBを含む各モードに対応した車載用としても使えるコンパクトな無線機が各社から発売されています(**写真1-30**，**写真1-31**)．そして，固定局でもクルマでも本格的に楽しめるように設計されたHF/50MHzに対応した無線機(**写真1-32**)もあり，これらを利用してモービルからHFでオン・エアする人が増えています．

■ **V/UHFで楽しむSSBモード**

　V/UHFの場合，モービルはFMでの運用が圧倒的多数ですが，SSBモードはFMモードより交信できる範囲が広がるので，見晴らしのよい場所にクルマを停めるなどして不特定多数と交信したり遠距離交信を狙う場合には見逃せないモードです．

　また，友人・知人との交信では144/430MHz FMの混雑を嫌う方やFMでは交信しづらいと思った方が144/430MHzのSSBを利用してラグチューを楽しんでいます．

　また，VHFのトップバンドである50MHzはFMモードが使えるものの，クルマの走行に伴う伝搬状況の変化による信号強度の上下(QSBという)の差が激しく，144/430MHzよりも使いづらいため，QSBの影響がFMよりも少ないSSBも使われてい

第1章　無線のメリットと楽しさ

写真1-30　アイコム IC-7100M（50Wタイプ）
タッチパネルでわかりやすく軽快な操作が可能．D-STARデジタル音声モードにも対応したHF～430MHzオールモード機

写真1-31　八重洲無線 FT-857DM（50Wタイプ）
クラス最小サイズを誇る多バンド・オールモード対応無線機．HF～430MHzオールモードに対応

写真1-32　JVCケンウッド HF/50MHzオールモード・トランシーバ TS-480DAT（50Wタイプ）

ます．しかし，144/430MHzに比べるとその運用局数は少ないと思われます．

■ **HFモービル・ハムのお勧めは7MHzと29MHz**

HFに着目した場合，29MHzはFMで運用できるのでモービル局にもお勧めできます．そのほかのバンドでは，SSBを使うことになるので，クルマを停めて不特定の局と交信するか，知人などとラグチューを楽しむ運用が中心となるでしょう．

一番のお勧めは，HFの中でも国内向けの伝搬が安定している7MHzでしょう．電離層反射による電波伝搬で，昼間は国内，夜は海外と交信可能で，夏場は夜でも国内と交信できます．モービルで海外交信は厳しいと感じるかもしれませんが，開けた場所（障害物が少ない場所）でチャレンジしたりコンディション（伝搬状態）が良いときを狙えば海外交信も夢ではありません．

■ **HF（29MHz/FM以外）は3アマ以上の資格で**

第4級アマチュア無線技士（4アマ）の資格ではHFでの送信出力が最大10Wに制限されてしまうので，ぜひ第3級アマチュア無線技士以上の資格を取得して，移動する無線局の最大出力である50Wに対応することをお勧めします．

と言うのも，クルマに取り付けるHF用のアンテナは道路交通法上の規制（高さ3.8m以内）から逆算すると全長2m位が実用的な長さです．ところがクルマに付ける7MHzのアンテナは10mの長さが標準ともいえるところをコイルを使って約2mの長さに短縮しています．短縮すればするほど電波の飛びが悪くなるので，送信出力を上げて，もう少し良く飛ぶようにすることが望ましく，その実用的な出力が50Wという考え方です．

ちなみに，固定局の最大出力は第1級アマチュア無線技士の資格をもつ場合，環境によっては最

モービル・ハム入門　29

大 1kW（＝1,000W）まで許可されますし，最近の状況を観察しているとHFでオン・エアしている人は50W〜200Wで運用している人が多いので，それらの局と対等に渡り合っていくには，モービル局でも50Wは必要というわけです．

一方，29MHz以上のバンドではV/UHFを含めて10Wや20Wでも十分に実用になりますから，第4級アマチュア無線技士の方も遠慮なくチャレンジしてみてはいかがでしょうか．

見晴らしのよい場所に出かけて楽しむ移動運用

モービル・ハムと聞くとクルマで走行中に交信を楽しむイメージが強いですが，クルマの機動力を生かして，見晴らしの良い場所に無線を楽しむ目的で出かけてオン・エアできるのもモービル・ハムのメリットの一つです．

たまたま通りかかった見晴らしの良さそうな場所にちょっとクルマを停めたり（**写真1-33**），大きな立体駐車場の屋上でワッチしてみましょう（**写真1-34**）．きっと市街地の道路を走っているときには聞こえてこない遠方の電波をキャッチできるでしょう．

このような場所では，とても遠くまで電波が届くので，多くの人との交信が期待できますし，いまだかつて交信したことがない地域の人と交信できるかもしれません．一度CQを出すと，多くの人やかなり遠方から応答があるので，とてもエキサイティングです．

また，後で説明するアワードを狙っている方は，アマチュア無線局が少ない地域（珍市珍郡）にいる局との交信を狙っていることも多く．そのような「珍しい地域」にあえて出かけてCQを出したり，標高1,000mを超えるようなクルマで登れる山の上から電波を出すと，「珍しい！ぜひ交信したい」という人が山のように現れて，交信しきれないほど多くの人から一斉に呼ばれる現象が発生します．これを「パイルアップ」と呼び，非日常的な興奮を味わえます．この「パイルアップ」の醍醐味を味わうことに楽しさを感じ，国内外の「アマチュア無線的に」珍しい場所へアマチュア無線を楽しみに行く方もいます．

■「お手軽移動運用」を楽しもう！

写真1-33のように見晴らしのよい場所まで出かけてアマチュア無線無線を楽しむことを「移動運用」と呼び，アマチュア無線の楽しみ一つとして定着しています．クルマに付いている，いつもの設備のまま，見晴らしのよい場所でオン・エアすることを「お手軽移動運用」と言うこともあります．

写真1-33 見晴らしの良い場所で運用

写真1-34 駐車場の屋上でワッチ

第1章　無線のメリットと楽しさ

まずは,「お手軽移動運用」を始めてみませんか？きっと新しい発見があり,設備を充実させてオン・エアできるバンドを増やしたいと考えるようになることでしょう.

■「本格的な移動運用」にグレード・アップ

見晴らしの良い場所に到着次第,家で使うタイプのアンテナを展開してより遠くと交信を狙う人も少なくありません.クルマをベースにした本格的なシャック(無線室)を現地に構築してしまおうという作戦です(**写真1-35**).一人ではなく親しい友人同士(ローカル局)が集まって楽しむケースもあります.

慣れてくると,キャンプを兼ねて一晩中運用したり,アンテナの設営や電源環境を工夫するようになってくるでしょう.アウトドアのノウハウやスキルも得られるので,一石二鳥です.

ところで,米国や日本では「フィールドデイ」というコンテストが年に一度開催されていて,屋外運用を奨励するルールになっています.米国ではアウトドアと無線運用のノウハウは非常時に役立つスキルという意識が強く,非常時を想定した訓練という意味あいもあるそうです.

モチベーション・アップの仕掛け

本書をここまで読んでいただくと,アマチュア無線で不特定多数の人と交信して何が面白いのだろう？なぜCQを出すとこんなにたくさん呼んでくる人がいるのだろう？と思う方もいることでしょう.

もちろん,自分が出した電波がいかに遠くに飛ぶか追求するのが面白いとか,いろいろな人と交信して会話するのが楽しいとかさまざまな動機があると思います.アマチュア無線の世界にはさらに楽しみを広げてくれる,モチベーションをアップさせてくれる「仕掛け」がたくさんあります.その代表的なものを紹介しましょう.

■ 交信したら交換する「QSLカード」

QSLカードとは,アマチュア無線で交信した後,お互いにその証として取り交わす交信証です(**写真1-36**).その名のとおり交信を証明するものですが,名刺代わりに気軽に交換する人もいます.

QSLカードはハガキ大のサイズで,片面に交信した際のデータを記入する欄がついた絵ハガキのようなものです.QSLカードの絵柄は,人によってさまざまで,イラストや美しい写真,版画によるものなど,発行者の個性やお土地柄が感じられます.工夫をこらしたものも多く,見ているだけでも楽しくなってきます.

交換するには,交信中に「QSLカードの交換をビューロー経由でいかがでしょうか？」と申し出ます.中にはQSLカードの交換を行っていない人もいますが,CQを出して交信する人の多くはQSLカードを発行しているので気軽に申し出てみましょう.

ところで,交信相手にQSLカードを送る場合,一枚一枚切手を貼って出していたら費用的にも大変なことになりますから,日本アマチュア無線

写真1-35　本格的な移動運用のようす

モービル・ハム入門 | 31

写真1-36　QSLカードの例
（上）表のデザイン面　（下）裏側に印刷されたデータ面

連盟（JARL）の「QSLビューロー」を利用するのが一般的です．ある程度枚数がたまったらJARLのQSLビューローにまとめて郵送し，JARLからは定期的（2か月に1回）にQSLカードが郵送されてくるという仕組みです．このサービスはJARLの会員になると，もれなく受けることができます．

■ 交信実績を称える「アワード」

　アワードとは，アマチュア無線で交信した地域や局数などの成果を証明し称えるもので，申請により賞状や証明書が発行されます（**写真1-37〜写真1-39**）．アワードは，日本アマチュア無線連盟をはじめとする世界各国のアマチュア無線団体やクラブ・個人などが発行していて，申請条件によりやさしいものから難しいものまでいろいろあり

ます．

　特にV/UHFではJCC/JCGアワードと呼ばれる100〜800以上の異なる市または郡の局と交信すると発行されるアワードが人気です．日本国内（の陸上）であればどこで運用してもよいというルールなので，モービル運用でも取得しやすいと言えます．

　アワードは発行元のWebサイトやCQ ham radio誌に毎月紹介されているので参考にするとよいでしょう．

■ コンテスト

　「一定時間内にどれだけたくさんの局や地域などと交信できるか」を競い合うのが，アマチュア無線のコンテストです．国内の局との交信局数を競うもの，海外の局との交信局数を競うものなどさまざまなコンテストが毎週，土・日・祝日を中心に，日本国内はもとより全世界で多数開催されています．

　アマチュアバンドをワッチしていると，週末を中心に「CQコンテスト！」という声を聞くことができますが，それがこれらのコンテストに参加している人の声です．

　お勧めのコンテストは，ALL JA，6m&DOWN，フィールドデー，全市全郡コンテストです．コンテストで上位に入賞するには，運用テクニック，無線機やアンテナの整備，電波の飛び方の把握（バンドの特性），長時間の運用に備える体力が必要ですが，「多くの局と交信するための絶好のチャンス！」「参加することに意義がある」というノリでモービルから「お手軽移動運用」で参加するのもお勧めです．

　これらのコンテストのルールや開催情報はWebサイトでコンテスト名で検索すると出てくるほ

第1章　無線のメリットと楽しさ

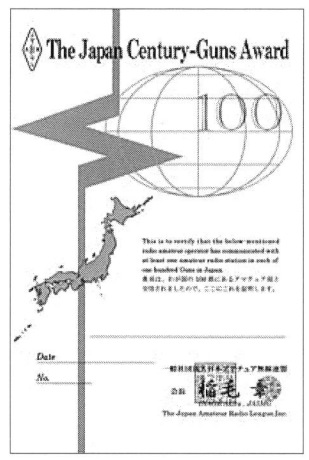

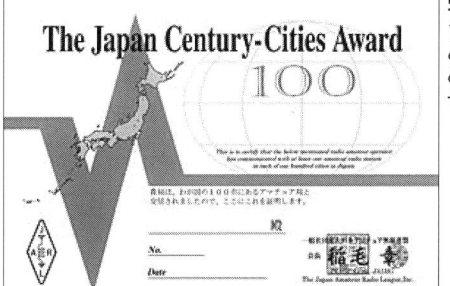

写真1-37　人気のJCC/JCGアワード
100以上の異なる市または郡から運用する局と交信してQSLカードを得ると申請できる．市と郡にはコード番号が割り振られていて，それぞれをJCC（市），JCG（郡）ナンバーと呼ぶ

写真1-39　初心者向けのAJDアワード
0～9のコールエリアの局とそれぞれ交信してQSLカードを得ると申請できる

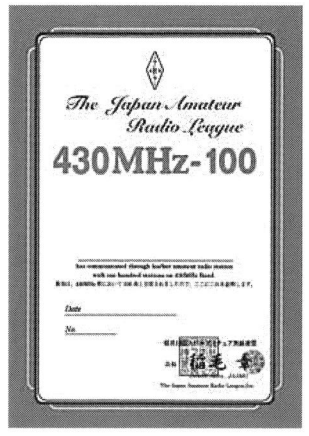

写真1-38　430MHz-100アワード
430MHzで異なる100局と交信してQSLカードを得ると申請できる

か，JARL会員に定期的に届く機関紙「JARL NEWS」やCQ ham radio誌に掲載されます．

■ **アマチュア無線の楽しさは無限大**

アマチュア無線には多種多様な楽しみ方があります．大切なのは，たくさんの局がお互いの楽しみ方を尊重しながら運用することです．

交信しておしゃべりするのがひたすら楽しいという人もいれば，交信した証である交信証（QSLカード）を収集するのが楽しい人，海外交信でより多くの地域と交信しようと狙っている人，アワードの収集を楽しむ人などさまざまですから，ぜひ皆さんなりの楽しみかたを発見して，一生の趣味として楽しんでいこうではありませんか．

（7M1RUL　利根川　恵二）

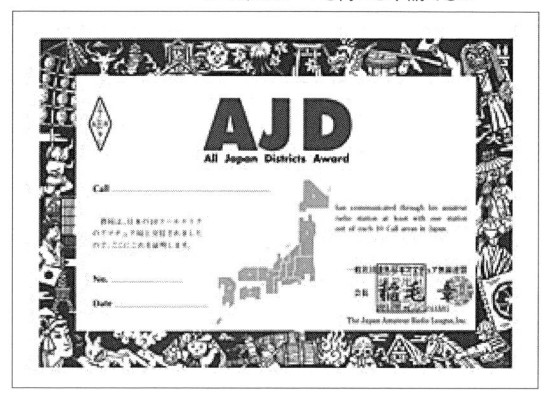

第1章で知っておきたいおもなアマチュア無線用語

用語	意味[使用例]
局 （きょく）	無線局のこと．コールサインの後ろに局を付して敬称のように使うこともある[JA1QRZ局と交信しました]．
QSY （きゅうえすわい）	周波数を変更すること．通常は変更先の周波数も指定する[433.06にQSY願います]．
ワッチ	受信すること[ずっとワッチしていました]．
ラグチュー	無線を使ったおしゃべり，友人・知人との交信．
コール・チャネル	「呼出周波数」のこと[コール・チャネルで待っています]．
メイン・チャネル	「呼出周波数」のこと[メイン・チャネルに戻ります]．
サブ・チャネル	「呼出周波数」以外の周波数．「サブ」ともいう．
ローカル（局）	友人・知人（の局）．
レピータ（局）	中継局のこと．
ビューロー	JARLなどが行うQSLカード転送システムのこと[ビューロー経由]．
QSB （きゅうえすびー）	電波の強さが周期的に変動すること．

モービル・ハム入門 | 33

1-5 バイク・自転車で楽しむアマチュア無線

「モービル・ハム」と聞くと，4輪以上の自動車で楽しむアマチュア無線を連想する方がほとんどだと思います．では，ほかの乗り物の場合はどうでしょうか？ 実はバイクや自転車でアマチュア無線を楽しむ人たちもいます．

バイクの場合には，バイク・モービル．自転車の場合は自転車モービルなどというように，乗り物のあとに「モービル」と付け加えて呼ばれ，それぞれの分野に熱心なファンが大勢います．ほかに，船舶の場合は「マリタイム・モービル」といい，徒歩の場合には「ウォーキング・モービル」という人もいます．

ところで，筆者は，週末ともなれば一週間ぶんのストレスを解消すべく，バイクでツーリングに出かけたり，自転車でサイクリングを楽しむことがありますが，今やバイクや自転車に取り付けた無線機がコミュニケーション・ツールの一つとして必要不可欠になっています．

以前はバイクや自転車にトランシーバを取り付けることは至難の技でしたが，最近のトランシーバの軽量化や個性的なモービル・トランシーバ，アウトドアに便利な多機能ハンディ・トランシーバの登場により．思いのほか簡単に実践できるようになってきました．

バイク・モービルの楽しみかた

大好きなバイクに乗りロケーションの良いところに出かけてCQを出して楽しんだり，旅先で地元の局と交信したり，同じ趣味を志すライダー・ハムと出会ったり，仲間と楽しくラグチューしながらツーリングを楽しんだりと，バイクに無線機を付ければ，楽しさがグッと広がります（**写真**

写真1-40 ラグチューしながら行うツーリングは，時間が経つのも忘れてしまうほど楽しい

写真1-41 大人数のツーリングで無線が大活躍

写真1-42 バイクにモービル・ホイップを付けていると，サービス・エリアなどで声をかけられることもある

1-40～写真1-42）．

■ バイク・モービルではV/UHF FMが現実的

さすがに，バイクの限られたコックピットや車体に取り付けられる無線機やアンテナは大きなものは無理ですから，V/UHFのFMがバイク・モービルに適するバンドとモードになるでしょう．

しばらく前まで，V/UHFのFMトランシーバでさえバイクに取り付けるのは容易ではありませんでした．そんな中，八重洲無線からFTM-10Sというバイク用に最適化されたV/UHFトランシーバ（**写真1-43**）が発売され，バイク・モービルを楽しむ方が急激に増えました．

以前はそこまでバイクにこだわったリグはなく，ハンディ機を仮設したり（**写真1-44**），タンク・バッグの中に入れたり（**写真1-45**），自作ブラケットを作るなどの方法で取り付けていました．そのような取り組みも楽しみの一つですが，敷居の高さは否めなかったのです．しかしそんな悩みも昔の話，このFTM-10Sが登場してからは，比較的簡単にバイク・モービルが構築できるようになりました．

■ 周辺アイテムも充実

バイク・モービルに使えるヘルメット用のスピーカ・マイクのセット（**写真1-46**）などの市販品のラインナップも豊富で，現代は"Bluetooth"（ブルートゥース）というワイヤレスの規格を使ったヘッドセットも普及しています．実際のセットアップの詳細については，第3章で紹介します．

写真1-43　八重洲無線 FTM-10S
バイク・モービルのために設計された，144/430 FMデュアルバンド・トランシーバ FTM-10S

写真1-44　バイクに仮設したハンディ機（八重洲無線 VX-7）

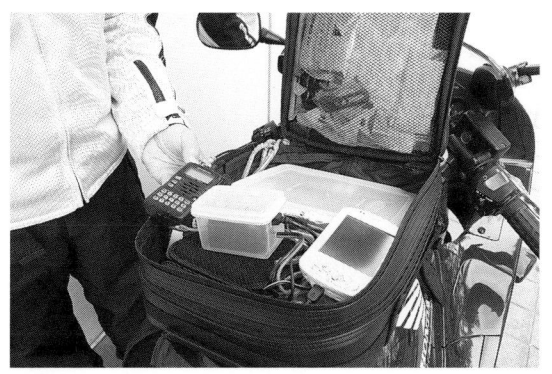

写真1-45　タンク・バッグに入れたハンディ機（八重洲無線 VX-8G）

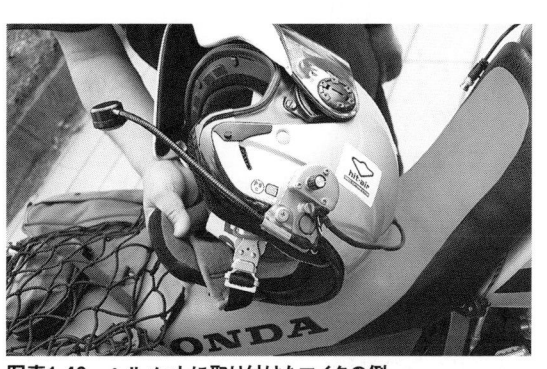

写真1-46　ヘルメットに取り付けたマイクの例
ヘルメットの形状や構造に合うように，さまざまな製品が市販されている

ツーリングがさらに楽しくなるバイク・モービル

バイクも自転車も,走ってしまえば一人の世界.大人数の走行でも走ってしまえば孤独です.そこに無線でのコミュニケーションが加わると,安心・安全そして楽しさが得られます.

複数台で一緒に走っているときに信号待ちで,身振り手振りで何やら会話?をしているライダーがいますが,会話が通じなかったのか結局バイクから降りて会話しているシーンを見かけることがあります.これでは連絡したくてもスムーズに伝えることができない焦りやイライラで,無理な走行をして事故につながる可能性も否めません.

こんなとき,アマチュア無線を使えば,渋滞や信号などの交通事情で仲間とはぐれてしまった場合,たとえ数km離れても交信できるため見失うことがありません.精神的な緊張やあせりもなくなり,ときには眠気防止の効果も得られて,安全運転にもつながります.そして,みんなでおしゃべり(ラグチュー)しながらのツーリングは何よりも楽しいものです.

コラム1-4　資格不要の無線機も使える!

資格が不要な特定小電力無線やデジタル簡易無線(登録局)を用意しておくと,ツーリング・メンバーの中にアマチュア無線の免許や設備を持っていない人がいても,無線を活用することができます.

特に特定小電力無線機は手続き不要でいつでもだれでも使えるのでヘッドセットとセットで用意しておくと便利です.

これらの無線機器はモービル用のものは一般的ではないうえに,ハンディ・タイプのものの多くは外部電源入力がないので電池パックや乾電池を電源に使うことになりますが,いずれもバッテリの持続時間は長いのですが,ツーリング時はバッテリ切れに注意します.

ところで,特定小電力無線機はそのままで誰でも使うことができますが,デジタル簡易無線(登録局)は使い始める前に総合通信局への届け出が必要で,登録は5年間有効ですが,原則として登録した名義人が使うことが前提になりますが,名義人以外の人に貸し出て使ってもらうことができます.貸し出した場合には,誰にいつからいつまで貸したかを記録して総合通信局に報告しなければなりません.それを避けるには,ツーリング・クラブなどの任意団体名義で登録しておき,メンバー全員で自由に使えるようにしておけばOKです.

特定小電力無線は気軽に使えて流通価格も安いものでは1台あたり1万円ぐらいですから,導入しやすい反面,通話可能距離は街中で数百メートルです.ツーリング時の仲間との通話用には数kmの通話可能距離が確保できるデジタル簡易(登録局)も検討するとよいと思います.

デジタル簡易無線機の例,アイコム IC-DPR3

第1章　無線のメリットと楽しさ

自転車モービルにチャレンジしませんか？

■ 自転車モービルの昔と今

筆者が学生だった今から約30年前，ナショナル（現在のパナソニック）のRJX-601という50MHzのAM/FMショルダー型トランシーバ(**写真1-47**)があり，屋外での運用といえばほとんどのアマチュア局がRJX-601を利用していました．このトランシーバはちょうど自転車の買い物かごにすっぽり入る大きさで，天気が良いときは，RJX-601を自転車に取り付けて，ローカル局とサイクリングを楽しんだものです．当時は軽量で大容量のバッテリがなかったため，荷台に車のバッテリを積んで運用していました．

その後，各メーカーから屋外運用に便利なトランシーバが続々と発売され，自転車モービルを楽しむアマチュア局が増えていきました．

現在ではアイコムのID-31や八重洲無線のFT1Dなどのハンディ・トランシーバを自作のブラケットでハンドルに取り付け(**写真1-48**)，D-STARやWIRESなど(詳細はp.38，「クルマで楽しむ新技術」参照)を使った交信も楽しんでいます．

もちろん，ハンディ・トランシーバをナップザックの中に入れたり，ベルトクリップで腰に付けるなどして手軽に運用することもできます．

■ サイクリングで使うともっと楽しい

仲間同士でのサイクリングでは無線で会話をしながら走行するとサイクリングがより一層楽しくなります．またサイクリング中に景色の良い場所を見付けたら，そこで「CQ」を出すような「お手軽移動運用」も楽しめます．

日常生活の中で，通学，通勤，買い物など，自転車に乗る機会がたくさんある皆さん，ハンディ・トランシーバを利用して，気軽に自転車モービルにトライしてみませんか．

（JK1MVF　髙田 栄一）

写真1-47　ナショナル（現パナソニック）のRJX-601

写真1-48　ハンドルに取り付けたハンディ・トランシーバ

1-6　クルマで楽しむ新技術

アマチュア無線の歴史を眺めてみると，その歴史のところどころに，「時代の先駆け」を見ることができます．

インターネットが普及するよりも前の時代から，パケット通信というアマチュア無線の電波を使ったパソコン通信が実用化され，全国ネットワークの掲示板と電子メール・システムがいち早く稼動しました．現在その技術は後ほど紹介するAPRSで使われています．

移動体通信にしても，その需要の大きさは，後の携帯電話の普及の後押しをしたのではないでしょうか．需要が見込めないのに機器の開発やインフラ整備への投資はなかなか進まなかったはずです．

■ マルチメディア化とネットワーク化

アマチュア無線の無線交信というと，音声またはモールス信号（CW）というイメージがありますが，データや画像といったマルチメディアに対応した交信方法も研究され，いかに狭い帯域で（電波の幅を使わずに）短時間で送信したり，音声やデータが混在した信号を効率良く送受信する方法などが研究され，登場してきています．

また，VoIP無線やAPRSといった，インターネットを通信回線の途中に利用したアマチュア無線のネットワーク・システムも実用化されていて，日々多くの人がグローバル・ネットワーク化した通信網で音声交信や位置情報などのデータ通信を楽しんでいます．

このように，アマチュア無線の世界でもマルチメディア化とネットワーク化への動きが盛んです．

デジタル音声通信モード

■ デジタルによる電波の有効利用

最近はアマチュア無線でも音声をデジタル信号に変換して送受信するモードが登場してきました．デジタル方式にするメリットはいくつかあります．業務無線（警察無線など）ではほかの人に聞かれないようにする効果を期待して早くから導入されていますが，アマチュア無線における音声のデジタル通信のメリットは，デジタル技術により使用する電波の幅（占有帯幅）を狭くできることと，音声以外のデータも音声と平行して（同時に）送受信できることです．

電波は有限です．特に移動体同士で実用的に通信できる周波数はさらに限られます．そこで，個々の電波が持つ幅（帯域幅）を積極的に狭くして，より多くの回線（チャネル）が確保できるようにしようという考え方が台頭してきました．

例えば1MHz（＝1,000kHz）の範囲を，電波の幅が20kHzのモードで使う場合は50通話ぶんが確保できます．一方，半分の10kHzの幅の電波を使えば100通話分確保できます．実に50組が通話できる範囲だったところが100組が通話できることになるのです．

現在のFMモードでは電波の幅を狭くしようとしても10kHz程度が限界と言われています．一方，SSBモードの電波の幅は3kHzなので，FMよりも電波の幅が狭いのですが，ノイズに弱く，無線機内部の周波数を精密に管理・調整しないと，きれいな音声にならず，残念ながらFMモードのよう

第1章　無線のメリットと楽しさ

図1-15　デジタル化で電波の有効利用

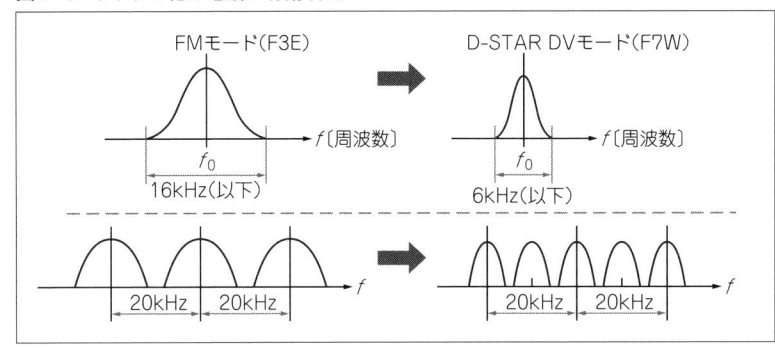

な使い勝手(チャネル方式)には及びません．

■ **デジタル方式はFMのような使い勝手**

そこで登場してきたのが，デジタル方式．これは音声をデジタル信号に変換して電波に乗せますが，圧縮などの技術により電波の幅を狭くすることが可能です(**図1-15**)．デジタル信号を電波に乗せる方法(変調方式)もアナログのFM方式に近い方式(GMSK，4値FSKなど)を使えば，FMと同じような使い勝手(チャネル方式)が実現できます．

また，従来のFM(アナログ)の場合，音声と同時にデータ信号を送ろうとしても，音声を中断したり，データ信号が同時に聞こえるなどの問題があり，大きなデータが送れず，データも並行して送るためにはもう一つ別の周波数を使う工夫が必要でした．

■ **デジタル方式は音声とデータが一緒に送れる**

デジタル方式の場合，音声をデジタルに変換したデータとそのほかのデータ(コールサインやGPSで得た測位データ)を同時に送受信することができます．この結果，今までにはない使い方が可能になりました．

例えば，アマチュア無線の中継局(レピータ)を使う場合，レピータ局の電波が届く範囲内の局と交信することができますが，現在実用化されているデジタル方式のレピータ(D-STARレピータ)では全国および海外のレピータ局とインターネットを使ったネットワーク(**図1-16**)が組まれており，手元の無線機の設定により，ほかのレピータを利用する局とも交信することができます．例えば，東京のレピータから北海道のレピータを使う局を呼んで交信できます．

この場合，無線機に，最寄のレピータ局と相手局または声を出したいレピータのコールサインを設定してPTT(送信)スイッチを押して話すだけという画期的なものですが(**写真1-49**)，このときに音声データとともに最寄のレピータ局と相手局，声を出したいレピータ局のコールサイン・データをコマンド(ネットワークの制御命令)として同時に送信しています．そのため，全国津々浦々に数多くあるレピータを任意に選択して二つのレピータを使った交信ができるのです．

また，音声データとは別のデータも同じ電波を使って同時に送受信できるため，後述するAPRSのような位置データを送信し，交信中に相手局との距離や方向が逐次わかるような交信が可能です．

現在の音声データの圧縮方法は，音声をマイクで受けた信号波形をそのままデジタル信号化(PCM)するわけではなく，電子回路で音声を分析し，声の特徴をコード化して送信します．受信側では送信側でコード化したデータを元に音声を合成します．電子回路は音声の特徴を分析しているため，マイクに向かって同時に同じ程度の複数の人の声が入ってしまうような場合，声の分析が

モービル・ハム入門　39

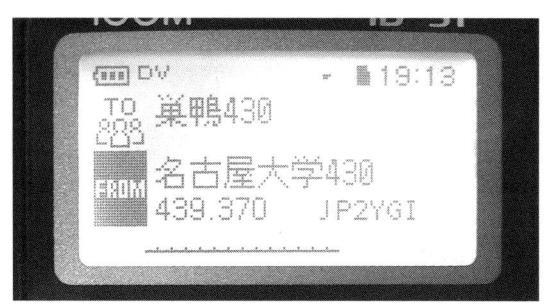

写真1-49　D-STAR対応無線機のレピータ選択機能
この画面は名古屋大学レピータから東京・巣鴨のレピータ局にアクセスする設定になっている

うまく行かず，音声が乱れてしまいますが，マイクに入った少々の雑音(雑踏の音など)は無視してコード化するので，受信側では音声のみがきわだち，クリアに聞こえます．

■ **デジタル方式はアマチュア無線では4種類**

デジタルと呼ばれる方式は複数あり，音声をデジタル信号に変換する方式(コーデック)や，デジタル信号を電波に乗せるための方式(変調方式)が複数あり，この2つの方式が一致しないと交信できないので，無線機を選ぶ場合にはその点に注意します．

現在アマチュア無線で使われているのは，日本アマチュア無線連盟(JARL)が開発した「D-STAR」と八重洲無線が推進している「C4FM FDMA」，アルインコが推進しているもの，エーオーアールが推進しているものの合計4種類があります．いずれも互換性はありません．

モービルから全国と交信が楽しめるVoIP無線

VoIP無線とは，通信経路の途中にインターネットを利用して，音声を送受信するシステムです．V/UHFで電波が届かない地域(見通し外)との交信もできます．前述したD-STARもレピータを利用したVoIP無線の一種ですが，VoIP無線といえば，FMモードで利用するシステムを指す場合が多いようです．

VoIP無線システムには八重洲無線が推進して

図1-16　D-STARレピータ・ネットワーク構成(日本国内に現存するレピータの一部分)

東京浜町レピータ
430M：JP1YIU
1.2G：JP1YIU B
GW：JP1YIU G

高野山レピータ
430M：JP3YHN
1.2G：JP3YHN B
GW：JP3YHN G

1200MHz＜ID-1＞　430MHz

管理サーバ
インターネット
レピータエリア
ゾーン

平野レピータ
430M：JP3YHH
1.2G：JP3YHH B
GW：JP3YHH G

生駒レピータ
430M：JP3YHJ
1.2G：JP3YHJ B

第1章　無線のメリットと楽しさ

いるWIRES，米国のアマチュア無線家（K1RFD）が開発したEchoLink，英国のアマチュア無線家（M0ZPD）によるeQSO，カナダのアマチュア無線家（VE7LTD）が開発したIRLPの4種類が有名です．日本で人気があるのはWIRESとEchoLinkで，欧米ではWIRESよりも先に普及したIRLPとEchoLinkのユーザーが多い傾向があります．

■ VoIP無線のしくみ

電波が直接届く地元のノード局（**写真1-50**，アクセス・ポイント）に向けて音声を送信すると，その音声はインターネットでつながったほかのノード局で送信されます．その逆の経路もあり，ノード局を使う人同士が交信できる仕組みです（**図1-17**）．

インターネットでつながる（つなぐ）ほかのノード局はノードをアクセスするユーザーが自由に選ぶことができます．

このように，ノード局は同じシステムのほかのノード局に1対1（ノード・トゥ・ノードと呼びます）で接続して交信したり，ルームやカンファレンスと呼ばれるノード局が集まる場所に接続して交信を楽しみます．

平日の昼間のV/UHFは友人・知人同士の交信が多く，CQを出しても誰にも呼ばれないことがありますが，このVoIP無線のルームやカンファレンスに接続されたノード局からCQを出せば，全国が相手になるので，交信相手が見つかる可能性が高まります．平日，仕事の合間に交信を楽しもうという方にはホットな交信形態です．

■ ノード局をアクセスする無線機

ノード局はそのノード局を利用する意図のない局の音声がネットワークに流れないようにするためと，同じ周波数を使用するほかのノード局からの信号で誤動作しないように，トーン・スケルチ（TSQ）という機能を利用しています．アクセスす

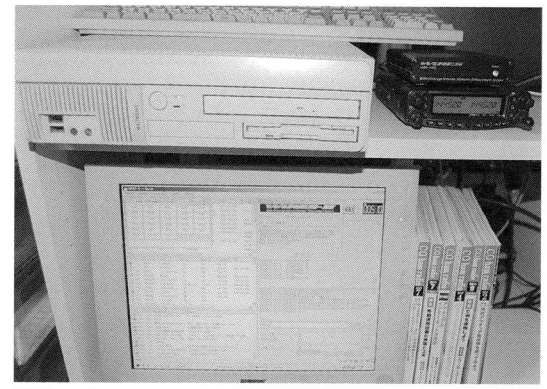

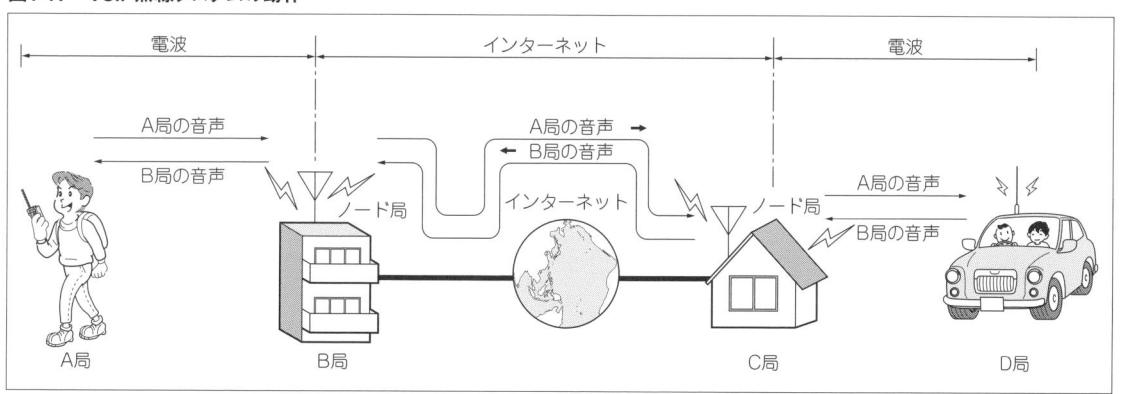

写真1-50　WIRES-IIノード局の設備
パソコンの右側に無線機とWIRESと書かれたコントローラ（インターフェース）がある

図1-17　VoIP無線システムの動作

モービル・ハム入門 | 41

るには，トーンが出せる機能(トーン・エンコーダ)が付いた無線機が必要です．今売られているFMモードが送受信できる無線機にはトーン・エンコーダが内蔵されているので無線機のトーン機能をONすればOKです．

トーン・エンコーダにはトーン周波数という設定項目があり，トーン周波数はノード局が指定している数値(周波数)に設定します．

WIRESの場合，Webサイト(**http://jqlyda.org**)などでノード局をアクセスするための周波数やトーン周波数が公開されているので，それを見て設定します．ただし，レピータ局と異なり，運用が不定期なノード局もあります．

■ **ノード局の接続/切断はDTMFを使う**

接続操作はDTMFと呼ばれるいわゆる「ピポパ音」でコマンド(制御命令)を送り，設定したり，切断をすることができます．ノード局がすでにどこかに接続しているかどうかも調べられます．

なお，「ピポパ音」はモービル機の場合，「DTMFマイク」や「DTMFメモリ」機能を使って送信します．**表1-3**にWIRESの場合の制御コマンドを例示します．

■ **モービルでの利用も多いVoIP無線**

無線機の操作や設定が通常の交信の場合とは異なるので，最初はなんとなく難しく感じるかもしれませんが，V/UHFのFMで全国規模，広範囲の局と交信できるので，モービルからノード局にアクセスして交信を楽しむ人も少なくありません．

自分が発射した電波が相手に直接届く交信や，コンディションに左右されるHF帯の交信と違って，遠くと交信できるのはあたり前に思えるシステムですが，自分のいる場所から電波の届く範囲にノード局を運用して提供してくれるアマチュア局がいること，そして相手が使うノード局の運用者やルームの運用者など，交信相手との間を取り持つ，多くのアマチュア無線仲間がいて成り立つネットワークですから，人間味と奥の深さを感じることができるでしょう．

もちろん，そのネットワークの一部として自分自身でノード局を開局・運営することもできます．ノード局の利用に慣れたら，ぜひご自身でもノード局を運用してみましょう．

誰がどこにいるのかがわかる"APRS"

APRSは米国のWB4APRが開発・提唱している，パケット通信を使ったネットワークの一種で，GPSで得た位置データ(測位データ)とともに文字情報を送受信したり，ショート・メッセージの送受信が行えるシステムです．さらに，インターネットも使ってデータを伝送しているため世界規模のネットワークとして稼働しています(**図1-18**)．

APRSでは誰がどこにいるのかをコメント(メッセージ)とともに把握することが可能です．

GPSを活用して移動体の位置を無線で把握するシステムは，タクシー無線や警察無線，消防無線などの業務用無線でも使われていますが，無線システムとして一般個人が利用できるのは現在のところアマチュア無線だけです．

APRSをモービルで楽しむ場合は，GPSレシー

表1-3 WIRESのDTMF制御の接続コマンド

機能	正式	代替
接続	#nnnnD	#0nnnn
切断	#9999D	*
状態確認	#6666D	#06666
ランダム接続	#7777D	#07777
再接続	#8888D	#08888
リコネクト解除	#5555D	#05555

第1章　無線のメリットと楽しさ

図1-18　APRSネットワークのデータの流れ

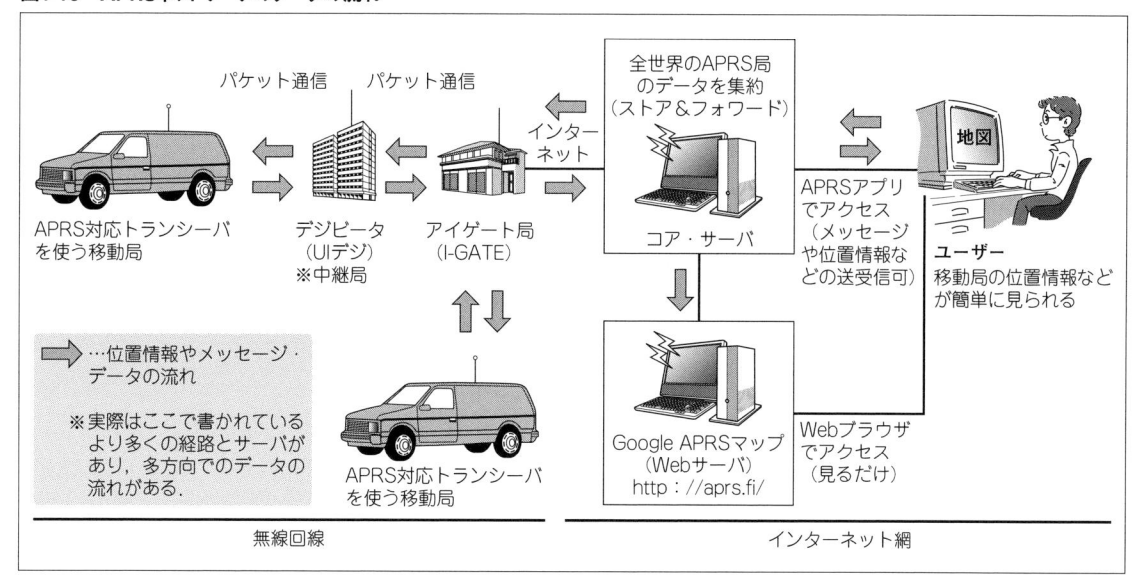

バを内蔵（または接続）したAPRS対応無線機をクルマに付けて運用するだけでOKです（初期設定が必要）．

APRS対応無線機はGPSレシーバで得た位置情報とあらかじめ設定したコメントを数分に1回の頻度で自動的に送信します．送信したデータはそのデータを受信できた局の無線機に表示される（**写真1-51**）ほか，I-GATE（アイゲート）と呼ばれる局から，インターネット上に転送され，コア・サーバという親サーバに記録されると同時にWebサイト（**図1-19**，**図1-20**）などでも公開されます．

なお，受信したデータを再送信（オウム返し）してくれるデジピータと呼ばれる仕組みも運用されているので，自局が送信したデータは，その電波が飛ぶ範囲内にいる局だけではなくデジピータの電波が飛ぶ範囲にいる局にも届きます．

位置情報の送信は他局に位置情報を知らせたい，

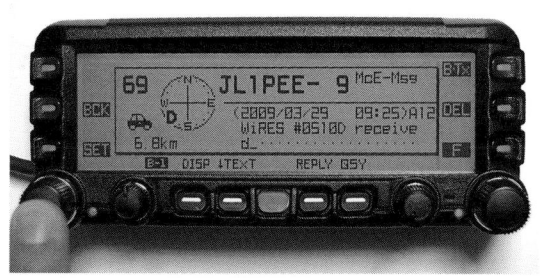

写真1-51　APRS対応無線機の表示 その1
APRSのデータを受信すると無線機の操作パネルに受信した情報その情報を発信した局と自局から見た方角と距離が表示される

図1-19　Google Maps APRS（Webサイト）
移動局の位置や軌跡などがきれいな地図上に表示されている．拡大縮小も自由自在

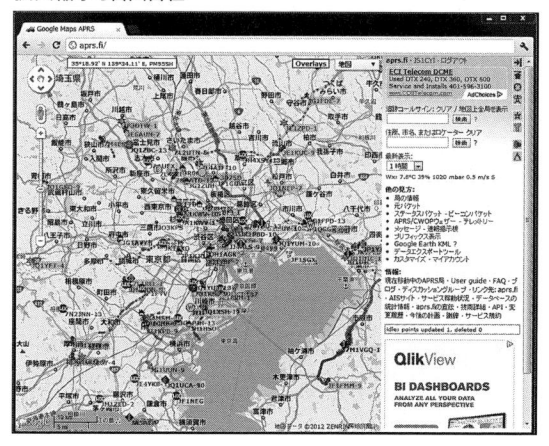

モービル・ハム入門　43

図1-20　移動局の詳細情報
アイコンをクリックすると，その局の移動速度や進行方向などの情報が見られる

他局とコミュニケーションを行いたいときに送信するとよいでしょう．

■ APRSの実運用を始めると…

APRSで位置情報を発信しながら走行すると，**図1-19**のWebサイト（Google Maps APRS）を見ている局や，近所を走行中の局からメッセージが届くこともあります（**写真1-52**）．これは単なるあいさつだったり，近くにいるので交信しないか？という誘いかもしれません．これはAPRSが単なるモービルのトラッキング（追跡）システムではなく，コミュニケーション・ツールであることを意味しています．

APRSは国際的なネットワークなのと，発信した情報はまたたく間に世界中に配信されるため，メッセージにはかな漢字は使わず，ローマ字や英文で行います．メッセージはあいさつ程度のものが多いのですが，音声で交信したり，イベントなどで実際に会ったときに，話が盛り上がります．

見晴らしの良い場所に車を止めて移動運用を行う場合も，移動運用中であるメッセージを添えて位置情報を発信するとよいでしょう．

このように，楽しく活用できるAPRSも無線機に初期設定を行っておけば，あとは位置情報送信機能のON/OFFとメッセージを送受信する操作を覚えるだけで使いこなせます．

なお，APRSで使われている周波数は144.64MHz（9600bps）と144.66MHz（1200bps）です．

アマチュア無線は進歩する

電波を使った，何か新しいアイデアがあったら，実験することができ，また誰かの新しいアイデアの実験に参加することができるのもアマチュア無線の大きな特徴です．

特にハム大国である米国においては，ネットワーク作りが盛んで，先に紹介したデジタル方式のレピータに個人が開設するノード局を接続するなどの試みも行われています．また，アマチュア無線の非常時や災害時の活用という側面でも意識が高く，APRSも災害時の活用も視野に入れられています．

以上はすべてモービルでもおおいに楽しめる分野なので，普通の交信に慣れたら，ぜひチャレンジされてアマチュア無線の楽しみの幅を広げてみてはいかがでしょうか．

（7M1RUL 利根川 恵二）

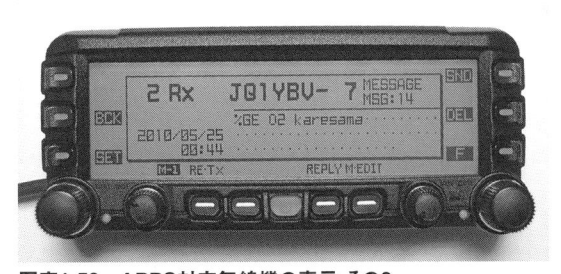

写真1-52　APRS対応無線機の表示 その2
APRSで届いたメッセージを表示したようす．GEはこんばんはを，"O2 karesama"は「お疲れさま」と読む．APRSのメッセージでは略語が多用される

1-7　災害時に期待されるアマチュア無線

2011年3月の東日本大地震では，多くの通信インフラが被害を受け，孤立した地域・集落からの通信が途絶えました．インフラの被害が少なかった地域でも過大な通信量や通話規制により支障が生じました．

そのような中で，アマチュア無線を使った情報伝達がなされ，アマチュア無線による通報から救助に至った方もいます．ただ，残念なことにそれは限定的な範囲で，たまたまアマチュア無線家が居合わせた孤立地域からは情報が送られてきましたが，そうではなかった場所からの情報は届かず，そしてなかなか届けることもできませんでした．ピーク時と比べて，アマチュア局が減少したいま，携帯電話の普及前なら，もっと多くの孤立地域から，情報収集ができたのではと考える人もいます．

■ 注目されるアマチュア無線

HFやV/UHFなどさまざまな周波数の電波を使って通信ができるアマチュア無線が注目されています．警察無線は基幹系の中継局が停止すると広範囲な通信は期待できません．消防無線などの業務無線も限られた数波のみしか使えませんし，伝搬範囲はV/UHFのそれと一緒です．

一方，アマチュア無線はHFによる長距離通信も可能で，UHFの430MHzや1200MHzならあちらこちらに設置された中継局（レピータ）を通信経路として利用可能です．これがダメなら，あれはどうか？と，あの手この手が検討できるのです．

普段は趣味として，非常時には重要な情報ライフラインとしての活用を模索する動きが高まっています．

岩手県上閉伊郡大槌町にて（2011年8月撮影）

奇跡の一本松（岩手県陸前高田市．2011年8月撮影）

大震災発災時レピータが騒然とした

　東日本大震災発災直後，東京都内のレピータでの交信が騒然としました．過去の災害発生時もそうでしたが，被害状況，通行できる道路の情報など，走行していたモービルがあちらこちらから声を出し，「ビルから煙が出ている」「人が道路にあふれ出ている」など周囲の状況を伝え合う交信が繰り広げられました．

　ここで役立つのは無線の同報性です．交信の当事者だけではなく，聞いているだけの不特定多数の人に情報が伝わります．Aさんは無事だと誰かが言えば，Aさんを心配している皆さんに1回言うだけで伝わります．

　ただ，これは普段から多くの人が集まっているレピータでの話です．レピータの中には人が集まっていない，普段から交信がほとんど行われていない寂れたレピータがあります．そのようなレピータでは発災時も何ら交信は行われていませんでした．

　人が集まっている周波数は何もレピータだけではありません．144/430MHzの呼出周波数もたくさんの人が聞いているはずです．

発災後の7MHzで繰り広げられた交信

　V/UHFの電波が届く範囲は見通し距離，HFは電離層反射で遠方まで届きます．特に，昼間の7MHzの電波は国内の広い範囲に伝搬します．その特性を生かして，東日本大震災発災後まもなく，日本アマチュア無線連盟の呼びかけで7MHzの非常通信用周波数を使った通信網が構築され，被災地と大都市圏（大阪や東京）とをつなぐ連絡回線が確保されました．

　それ以外にも，地方自治体（市役所）の職員で構成されるアマチュア無線クラブが被災地にある姉妹都市にHF用の無線設備とともに職員を派遣し現地での情報の収集と伝達に効果を上げました．また，個人のアマチュア無線家やアマチュア無線

第1章 無線のメリットと楽しさ

クラブの有志も被災地支援のため数多くの活動を行っています．

このように，被災地と被災していない地域（遠方）との連絡はHF（7MHz）を利用し，被災していない地域への救援物資などの要請連絡やそれらを運搬するトラックなどとの連絡も行われたそうです．

被災地域内での救援・復旧活動ではV/UHFのアマチュア無線や資格がいらない特定小電力無線が使われ，効果的な使い分けが行われました．

■ 普段から無線に慣れ親しむ

大規模災害時には携帯電話などが不通になり，外部との連絡手段としての無線が期待されていますが，先の7MHzの利用のように，電波伝搬の理解など無線の知識と経験があればこそ，臨機応変な対応ができるのではないでしょうか．実際の無線運用の経験が乏しいまま，とりあえず免許を取得して機材をそろえておくだけでは，イザというときに活用できるかどうかは微妙です．

最も大切なのは，普段からアマチュア無線を楽しみ，慣れ親しんでおくことだと思います．毎日とはいわずとも週末や出かけた先で，ちょっと運用する程度でもだいぶ違います．使うバンドの電波はどの程度まで飛ぶか，使えそうなレピータはどこかなど，各バンドの使用状況を把握しておくことも大切です．

普段から運用しておけば，アマチュア無線を通じた知り合いもできるでしょう．その中で信頼関係を築いておくといざというときに知り合い同士の助け合いにもつながります．

普段から楽しみながら電波を利用し，経験を積み，できるかぎり知り合いを増やしておくことが最も大切だと考えられます．

■ モービルはいざというときの命綱

先の大震災で被災者の皆さんがクルマの中で寝泊りして命をつないだようにクルマはいざというときの命綱になることがあります．そこに無線が付いていれば，外部との連絡に期待が持てます．

自宅が停電してもクルマのエンジンが発電機代わりにもなります．ただ，発災後はしばらくの間給油が困難になるので，予備のバッテリ，発電機，ソーラ・パネル（太陽電池）などの自家発電装置から無線機器の電源を得るとよいでしょう．発電機の燃料（ガソリン）もクルマのそれと同様に入手が困難になるので，カセットコンロ用のガスボンベを燃料とする発電機（**写真1-53**）も検討の価値ありです．

（7M1RUL 利根川 恵二）

写真1-53 本田技研工業 エネポ
カセットコンロ用ガスボンベで発電する発電機

モービル・ハム入門 | 47

第2章
アマチュア無線の免許を取ろう

アマチュア無線を楽しむには，人と無線設備のそれぞれに免許が必要で，どちらが欠けてもモービル・ハムは楽しめません．まずは，この二つの免許を取得する方法を整理して紹介します．

2-1 アマチュア無線の免許の取り方

「アマチュア無線をやってみよう！」と思ったとき，最初に乗り越えなければならないのが，無線従事者免許証(**写真2-1**)の取得です．クルマであれば，運転免許証に相当するのが従事者免許証です．無線従事者免許証を得たら，無線機を用意して無線局免許状(**写真2-2**)を申請します．無線従事者と無線局の設備，そして無線局免許状が揃って初めて電波を出すことができるのがアマチュア無線です．

現在，アマチュア無線用の無線従事者の資格は第4級アマチュア無線技士(4アマ)から第1級アマチュア無線技士(1アマ)までの四つのクラス(級)があります．クラス別に運用できる周波数や送信出力の上限が決まっており，クラスが上がるにし

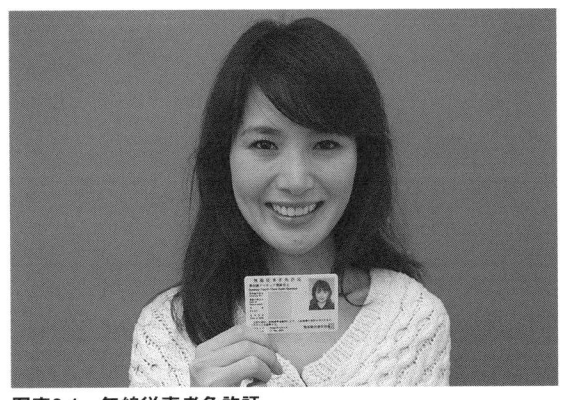

写真2-1　無線従事者免許証
カード・サイズで顔写真と名前など，本人を特定できる情報と資格が書かれている．有効期限は定められていない

写真2-2　無線局免許状
コールサイン(呼出符号)や運用できる周波数と電波型式，出力などが書かれている．有効期限は5年間

48　モービル・ハム入門

第2章　アマチュア無線の免許を取ろう

表2-1　アマチュア無線技士の資格と取得方法

資格の種類	免許可能な範囲	資格取得の方法
第1級アマチュア無線技士	すべてのアマチュア・バンドが使える. 出力(空中線電力)は1,000W以下. 移動局は50W以下	国家試験(毎年4月, 8月, 12月)
第2級アマチュア無線技士	すべてのアマチュア・バンドが使える. 出力(空中線電力)は200W以下. 移動局は50W以下	国家試験(毎年4月, 8月, 12月)
第3級アマチュア無線技士	10/14MHzをのぞくアマチュア・バンドが使える. 出力(空中線電力)は50W以下	養成課程講習会または国家試験
第4級アマチュア無線技士	10/14/18MHzをのぞくアマチュア・バンドが使える. 1.9～30MHzの空中線電力は10W以下. 50/144/430MHz帯は20W以下. モールス通信はできない	

たがって，利用できる周波数帯(バンド)や送信出力の制限が緩くなります(**表2-1**)．試験の出題範囲もクラスが上がるにしたがって広がり，難しくなります．

初級資格でも十分に楽しめるモービル・ハム

4アマのような初級資格ではたいしたことはできないのでは？と思う方もいるかもしれませんが，実はモービル・ハムの場合，たとえ第1級アマチュア無線技士の資格を持っていても，モービル・ハムを楽しむ場合の送信出力は50W以下に制限されています．4アマはモービル運用が盛んなV/UHFの50～430MHzで免許される上限が20Wですが，50Wと20Wでは数値上は2.5倍もの差があるものの，通信可能距離が2.5倍に伸びるわけではなく，市街地にいる局同士で交信する場合，数km伸びればよいほうだと言われています．しかも，1200MHzではモービル局などの移動局は1Wが上限です．

このことから，クルマにV/UHFの無線機を付けて交信を楽しむには，4アマの資格でも十分なことがわかるでしょう．その一つ上の第3級アマチュア無線技士の資格まで取れば，モービル・ハムの最大出力である50Wで運用できるので，HF(短波)にチャレンジする場合などは一つ上へのクラスアップをお勧めします．

第4級アマチュア無線技士免許の取得方法

初めてアマチュア無線を始める方は，まずは4アマ免許の取得からスタートするのが一般的です．

この4アマ免許の場合，取得方法には大きく分けて二つあります．一つは国家試験を受験する方法，二つ目は国家試験免除の養成課程講習会を受講する方法です(**図2-1**)．運転免許に例えれば，前者は運転免許試験場で受ける「イッパツ免許」，後者は技能試験免除の教習所に通って取得する免許というイメージです．

まずは，第4級アマチュア無線技士の国家試験問題集(**写真2-3**)を購入したり図書館で読んでみるなどして，どんな問題が出ているのか実際に見てみましょう．ちょっと勉強すればできそうだ！という方なら，国家試験へのチャレンジが最適です．もし，問題をパッと見て，厳しそうなら，養成課程講習会の受講が資格取得への近道と言えそ

モービル・ハム入門 | 49

図2-1 第4級アマチュア無線技士免許取得のフローチャート

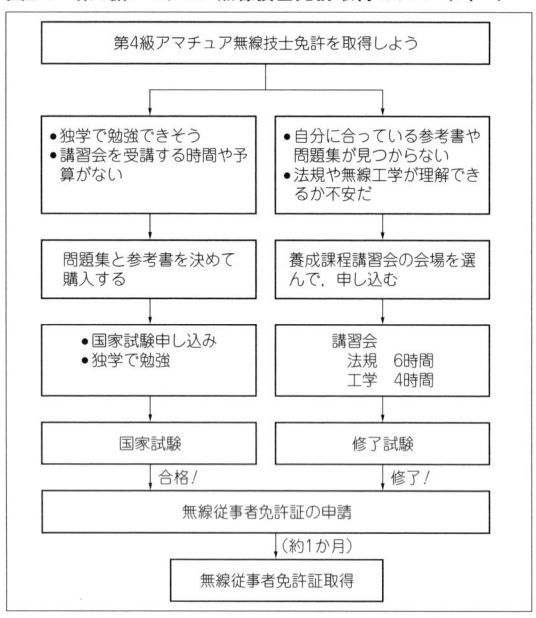

写真2-3 第4級アマチュア無線技士用国家試験問題集の例

うです．

■ できれば早目にステップ・アップ！

　現在は，最上級資格の1アマでも，初級の4アマでも，試験科目は無線工学と法規しかないので，4アマを取得したら，あまり間を置かずに上の資格を狙うと効率的です．なお，4アマから3アマへのステップ・アップは，1日で終わる養成課程講習会（第3級短縮コース）も利用できます．しかし，2アマ，1アマの養成課程講習会制度は現在のところ存在しません．

国家試験を受験する場合

■ 試験の開催日

　4アマと3アマの国家試験は，主要都市で実施されています（開催頻度は場所により異なる）．例えば，東京の場合，毎月第3日曜日に当日受け付けによる試験が行われていたり，ハムフェアなどアマチュア無線に関するイベント会場で臨時試験が行われることもあります（受け付けは当日先着順）．

　受験料や日時は，（財）日本無線協会のWebサ

受験申請はWebサイトでも行える

第2章　アマチュア無線の免許を取ろう

図2-2　(財)日本無線協会のWebサイト
トップページの右側中ほどに電子申請の申し込みサイトへのリンクがある（図右下のパラボラ・アンテナの絵の付近）

イト（**http://www.nichimu.or.jp**）やCQ ham radio（CQ出版社刊の月刊誌）に掲載されています．

■ **4アマ国家試験の受験申請**

　受験の申し込み（試験申請）は，試験開催月の2か月前の1日〜20日の間，(財)日本無線協会のWebサイト（**図2-2**）から行うこともできます．

　書類で申し込む場合は，(財)日本無線協会の事務所のほか，ハム・ショップ，一般社団法人 日本アマチュア無線連盟（JARL）などで受験申請用紙（各級共通）を購入して申請するとよいでしょう．問題集の付録として付いている場合もあります（**写真2-4**）．

■ **試験の内容**

　試験の内容は，無線工学と法規です．試験は設問に対して四つの答えの中から正しいと思うものを一つ選ぶという，四者択一の試験です．出題も，基本的に過去に出題された問題の数値や選択肢を入れ替えるものが多いので，過去問題を攻略すれば合格できると言われています．

　ただ，こういう問題だったら答えはコレ！という丸暗記型の勉強は避けたいものです．理解しながら勉強すると，上級資格にチャレンジするとき

写真2-4　第4級ハム・解説つき問題集
この問題集には受験申請書も付いている

に有利です．特に法規に関しては，出題傾向の低い内容でも，目を通しておきましょう．

■ **合格発表**

　4アマ国家試験は試験終了1時間後には合否の発表があり，合格すれば，その日のうちに無線従事者免許証の申請ができます．申請から交付まで1か月くらいかかります．

■ **独学の方法**

　基本から解説した独習書（**写真2-5**）と，問題集（演習問題と解説をメインにしたもの）の2冊を使用して勉強に臨むと効率的です．その資格に必要な法令と無線工学を学びます．無線工学は電気回路，無線機の構造，アンテナの構造や電波伝搬のメカニズムなど，基礎的な内容です．

モービル・ハム入門 | 51

写真2-5 アマチュア無線教科書
養成課程講習会で採用されている教科書も販売されている．独習に最適

写真2-6 講習会会場の入り口のようす
企業，会館，公民館などのセミナー・ルームが講習会会場になることも多い

養成課程講習会を受講する

　もう一つは，養成課程講習会という講習会を受講する方法です．(財)日本アマチュア無線振興協会(JARD)など，国に認められた組織が主催し開講しています．このJARDの講習会を例に，概要を紹介していきましょう(**写真2-6**)．

■ 講習の時間と概要

　10時間の講習(講義)を受け，1時間の終了試験に合格すれば，国家試験免除で無線従事者免許証が得られるので，勉強する要領がつかめない，多忙な日々で勉強がはかどらない，法規や無線工学が理解できるか不安だ，という方にもお勧めできます．

　講習は全国各地で開催されていて，会場の規模にもより，一回の講習で20人〜60人が参加します．その多くが2日間の開催で，土日，休日，平日コースの中から，都合の良い日時を選ぶことができますが，定員に達すると締め切られるので，早目の申し込みがお勧めです．

　授業の理解度を確認するため，すべての授業が終わった後に修了試験があります．修了試験は法規，無線工学それぞれ四者択一式で10問出題され，6問以上正解すると合格です．

■ 申し込み方法

　(財)日本アマチュア無線振興協会(JARD)のWebサイト(**http://www.jard.or.jp/**)で，開催会場や日程，コースを調べることができます．またCQ ham radio誌にも毎月掲載されているので，そこに書かれている受付場所に電話で空き状況を確認し，空いている講習に申し込みができます．受講

52　モービル・ハム入門

第2章　アマチュア無線の免許を取ろう

料は22,750円（小中学生以下は7,750円）で無線従事者免許証の申請手数料，教材（**写真2-7**）の費用を含みます．

受講日当日までに写真や住民票などの準備が必要になるので，余裕をもって申し込むとよいでしょう．

なお，以上は平成25年8月現在の情報によるもので，受講料や開催コースなどは変更になったり，新たなコースが新設される場合があるので，受講を検討する場合には，必ず最新情報を得るようにしましょう．

写真2-7　養成課程講習会で使う教材
教科書と問題集を使って，2日間しっかり勉強する

2-2　無線局免許申請

アマチュア無線技士の免許を取得して，無線機を購入したら，無線局免許を申請します．無線局免許（状）には，世界で一つだけの自分専用のコールサイン（識別信号）が書かれています（p.48，**写真2-2**）．

無線従事者免許を得て，無線機が揃って初めて無線局免許を得ることができます．

無線局免許の申請方法

初めてアマチュア無線局を開局される方で，新たに無線機を購入するのであれば，古い無線機はできるかぎり避けて，現在発売中の無線機（現行機種）をお勧めします．というのも，ハムショップ（無線機器販売店）で売られている現行機種のほぼすべてが「技術基準適合証明」を得ている無線機（**写真2-8〜写真2-11**）で，申請手続きがとても簡単です．

本書では，この「技術基準適合証明」を受けてい

写真2-8　技術基準適合証明を得ているモービル機の例
（八重洲無線 FT-857DM）

写真2-9　八重洲無線 FT-857DMの技術基準適合証明番号記載部分（銘板の002KN…の部分）

モービル・ハム入門 | 53

写真2-10 技術基準適合証明を得ているモービル機の例
(アイコム ID-880)

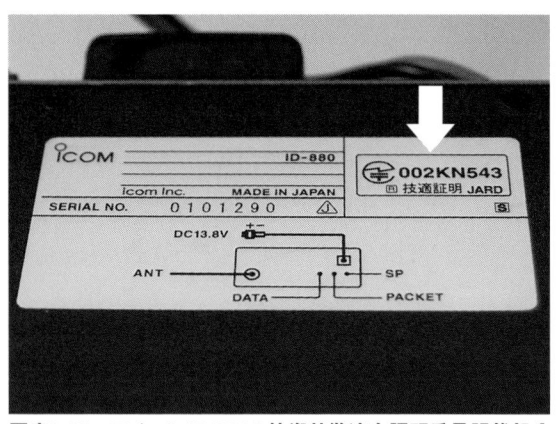

写真2-11 アイコム ID-880の技術基準適合証明番号記載部分
(写真の矢印,002KN…の部分)

る無線機を用意して開局申請を行う方法を例にして説明します.

■ **申請手続きに必要なもの**

無線局の開局申請に必要なものは次のとおりです.

① **開局申請用紙**

1. 無線局免許申請書

2. 無線局事項書および工事設計書

ハムショップ(アマチュア無線機器販売店)などで売られている「アマチュア局 個人・社団用開局用紙」(**写真2-12**)を購入するか,「総務省 電波利用ホームページ」で「アマチュア局用の免許申請書」と「アマチュア局－無線局事項書及び工事設計

コラム2-1　古い無線機などで免許を得る場合

古い無線機や自分で作った無線機など「技術基準適合証明」を受けていない無線機(**写真2-A**)を使う場合には,TSS(株)に保証してもらい,申請することになります.

写真2-A 技術基準適合証明を得ていない古い無線機の銘板部分の例
技術基準適合証明番号や技適マークが印字されていない

申請してから免許が届くまでの時間や費用もそれなりにかかりますが,総務省に送付する申請書類一式と保証願いを提出し,この会社を経由して申請することになります.

そのほか,技術基準適合証明を受けた機種であっても,改造したり,周辺機器として電波型式が変わるもの(SSTV装置など)を取り付けたりした場合も,同様にTSS(株)を経由する必要があります.自作した無線機や古い無線機はその性能によっては,ほかの重要な無線局の運用に妨害を与える可能性があるので,回路構成などを記載した書類を提出し,技術的な審査を行い,アマチュア無線機として使用できることを確認(保証)してもらって初めて,使用が許されます(＝免許される).技術基準適合証明を受けた機種というのは,あらかじめアマチュア無線機として使用できるかどうかの審査をパスしているので,技術基準適合証明番号のみを書類に明記することで,簡易な手続きで免許を得られます.

第2章　アマチュア無線の免許を取ろう

写真2-12　アマチュア局 個人・社団用開局用紙
送付用封筒なども含めて，必要な書類がすべて揃っている．詳しい説明書も入っているので，初めての場合はこの用紙を使うと便利

図2-3　総務省 電波利用ホームページ
ここからアマチュア局用の免許申請書，無線局事項書および工事設計書をダウンロードして利用できる

図2-4　無線局免許申請書の記入例

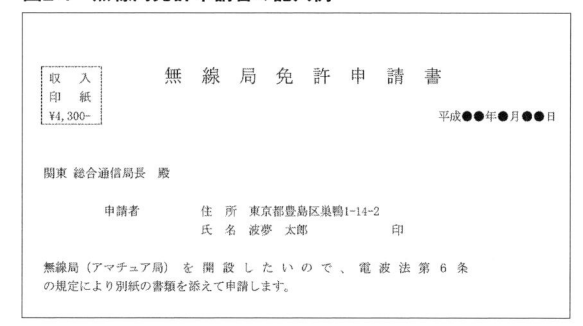

書」をダウンロードします（**図2-3**）．マイクロソフト・ワードとエクセル用のデータとしてダウンロードできます．

② 収入印紙と切手

4アマの開局申請の場合は，4,300円ぶんの収入印紙と，返信用封筒に貼る80円切手1枚を郵便局などで購入します．

③ 送付用封筒・返信用封筒　各1枚

サイズに指定はありませんが，長型3号の封筒が便利です（「アマチュア局 個人・社団用開局用紙」にはこれらの封筒も添付されています）．

■ 申請書類の送り方

収入印紙を貼った①の書類と返信用封筒を，管轄する「総務省 総合通信局」に送ります（管轄はp.110，**表4-3**参照）．収入印紙を貼った書類を送るので，郵便局の窓口から「簡易書留」として送ることをお勧めします．書類は記入不備などで返送されてくる以外は返却されないので，コピーを取って控えておくとよいでしょう．

■ 書類の書き方

4アマの方が，「技術基準適合証明」の無線機を使ってモービル・ハム（移動する局）を新規に開設する場合を想定した，「無線局免許申請書」，「無線局事項書及び工事設計書」の記載例を**図2-4**，**図**

モービル・ハム入門　｜　55

2-5に示します.

少々複雑なのは無線局事項書の13と工事設計書の14, 16ですが, 購入した無線機の取扱説明書に, どこをチェックしてどう書けばよいのか, 記載例が載っているのでそのとおりにチェックして記入するとよいでしょう.

13の「電波の型式」は, 4VAなどと書かれた一括記載コードにチェックするようになっていますが, 複数の無線機で申請する場合には4VAと4VFなどにチェックが付くかもしれません. ところが, 4VAには4VFが含まれるので4VAと4VFをチェックしても免許状には4VAと記載されます. 通常, FMモードのみのモービル機やハンディ機の場合は4VF, オールモード機やデジタル音声通信, APRSに対応した無線機の場合は4VAにチェックすることになります.

コラム2-2　世界で一つだけのコールサイン

無線局の開局申請を行い, 申請内容/申請書類に不備がなければ, 総合通信局からアマチュア無線局の無線局免許状が送られてきます. この免許状には識別信号という項目に, 英数字で6文字を組み合わせた文字列が印字されています.

これが無線局の呼出符号, コールサインといわれるものです. 無線局の名前に相当するものです.

アマチュア無線局の場合, その電波は国内にとどまらず, 世界中に届くことを前提としています. そのため, 国際的な取り決めによって, 呼出符号の割り当てが決められています.

日本の場合, 最初の2文字が日本の割り当てである, JA～JS(JB, JCを除く), 7J～7N, 8J～8Nが付いています. つまりコールサインの国籍を表しています(免許人の国籍を表すものではない). その次は数字1文字, これをエリア番号と呼んでいます. 最初の2文字がJA～JS, 7J, 8J～8Nであれば, このエリア番号で, どこの地域の総合通信局で免許された局かがわかります. 7K～7Nで始まるコールサインの場合はすべて関東の局で, このルールとはちょっと変わってきます. ここまでの3文字をプリフィックスと呼び, 後に続く4文字目からはサフィックスと呼びます(**図2-A**).

サフィックスは, 戦後アマチュア無線が再開されたころに開局された方たちには2文字が割り当てられましたが, 現在, 個人局には最初の文字がY, Z以外の3文字が割り当てられます. この中でSOS, OSOやQSOなど, Q符号として使われる3文字は割り当てないようになっています.

期間限定で運用する特別局や記念局と呼ばれる局は, サフィックスが3文字以上になる場合もあります.

現在の日本の制度では個人で開局する局のプリフィックスは自由に選ぶことはできず, 順次, 現在使用されていないものが割り当てられていきます. JAからJSまで, そして10のエリアごとにAAAからZZZまで各サフィックスを割り当てられ, それは重複しません. 同姓同名ということは, 日常の生活ではあり得ることです. しかし, アマチュア無線局の場合は, 割り当てられた6文字を使う人物は全世界にあなたのほかにはいません.

そのようなことから, アマチュア局同士の会話の中では, 名前の変わりにサフィックスをあだ名のように使って呼びあうことも少なくないようです.

図2-A　プリフィックスとサフィックス

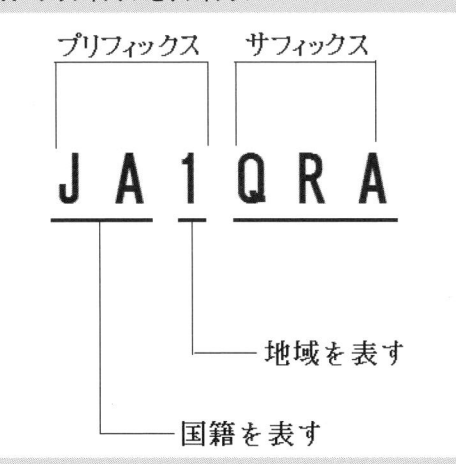

```
        プリフィックス   サフィックス

         J A 1       Q R A
             │
             └── 地域を表す
           │
           └── 国籍を表す
```

第2章　アマチュア無線の免許を取ろう

図2-5　無線局事項書及び工事設計書の記入例

無線局事項書及び工事設計書　※整理番号

1 申請（届出）の区分	☑開設　□変更　□再免許　2 免許の番号　　3 呼出符号　　4 欠格事由 □有 ☑無
5 申請（届出）者名等	氏名又は名称：社団（クラブ）名／個人又は代表者名　姓 フリガナ ハ ム　名 フリガナ タロウ　波夢　太郎　☑個人
住所	フリガナ トウキョウト トシマク スガモ 1-14-2　東京都豊島区巣鴨1-14-2
郵便番号	170-0002　電話番号 03-5395-2149　国籍 日本
6 工事落成の予定期日	日付指定：予備免許の日から 月目の日／予備免許の日から 日目の日
※ 免許の年月日	
※ 免許の有効期間	
7 希望する免許の有効期間	
8 無線従事者免許証の番号	ABBN00000
9 無線局の目的	アマチュア業務用
10 通信事項	アマチュア業務に関する事項
11 無線設備の設置場所又は常置場所	フリガナ　都道府県一市町村コード
12 移動範囲	☑移動する（陸上、海上及び上空）　□移動しない

13 電波の型式並びに希望する周波数及び空中線電力

希望する周波数帯	電波の型式	空中線電力	希望する周波数帯	電波の型式	空中線電力
□1.9M	A1A	w	□1200M	3SA 4SA 3SF 4SF	w
☑3.5M	3HA 4HA	10w	□2400M	3SA 4SA 3SF 4SF	w
☑3.8M	3HD 4HD	10w	□5600M	3SA 4SA 3SF 4SF	w
☑7M	3HA 4HA	10w	□10.1G	3SA 4SA 3SF 4SF	w
□10M	2HC	w	□10.4G	3SA 4SA 3SF 4SF	w
□14M	2HA	w	□24G		w
□18M	3HA	w	□47G		w
☑21M	3HA 4HA	10w	□75G		w
☑24M	3HA 4HA	10w	□77G		w
☑28M	3VA 4VA 3VF 4VF	10w	□135G		w
☑50M	3VA 4VA 3VF 4VF	20w			w
☑144M	3VA 4VA 3VF 4VF	20w			w
☑430M	3VA 4VA 3VF 4VF	20w	4630K	A1A	w

14 変更する欄の番号　□3　□5　□8　□11　□12　□13　□16

15 備考

16 工事設計書

装置の区別	変更の種別	技術基準適合証明番号	発射可能な電波の型式及び周波数の範囲	変調方式	終段管 名称個数／電圧	定格出力（w）
第1送信機	□取替 □増設 □撤去 □変更	002KN464	技術基準適合証明機種のため記載省略			∨
第2送信機	□取替 □増設 □撤去 □変更	002KN543	技術基準適合証明機種のため記載省略			∨
第3送信機	□取替 □増設 □撤去 □変更					∨
第4送信機	□取替 □増設 □撤去 □変更					∨
第5送信機	□取替 □増設 □撤去 □変更					∨
第6送信機	□取替 □増設 □撤去 □変更					∨
第7送信機	□取替 □増設 □撤去 □変更					∨
第8送信機	□取替 □増設 □撤去 □変更					∨
第9送信機	□取替 □増設 □撤去 □変更					∨
第10送信機	□取替 □増設 □撤去 □変更					∨

送信空中線の型式　　周波数測定装置の有無　☑有（誤差0.025%以内）　□無

添付図面　□送信機系統図　その他の工事設計　☑法第3章に規定する条件に合致する。

■ 無線機を変更する場合

　将来，無線機を買い増した場合や別の無線機と入れ替える場合は，変更手続き（届け）が必要で，開局申請したときの工事設計の内容を確認する可能性が高いので，開局申請用紙の控え（コピー）を取り忘れないようにします．

　「技術基準適合証明」を受けた無線機の追加（または取り替え）を行う場合は，「無線局免許申請（届）書」，「無線局事項書及び工事設計書」を作成し，返信用封筒を添えて郵送するだけで，手数料はかかりません．

　書類で手続きを行う場合には，「アマチュア局変更用紙一式」をハムショップなどで購入して手続きを行うとよいでしょう．

2-3　電子申請でやってみよう！

　アマチュア無線の無線局免許申請手続きは，インターネットのWebサイト「総務省 電波利用 電子申請・届出システムLite」でも申請できます（**図2-6**）．従来は住民基本台帳カードやカード・リーダーが必要だったものが，今はIDとパスワードによる本人確認のみで使えるシステムになり，しかも申請手数料の割り引き特典があります（**表2-2**）．

　イメージとしては，申請書類に書くべき内容が入力項目として画面上に出てくるので，それらを順序よく入力していけば申請手続きが完了するというしくみです．まずは書面の申請書類を作って

図2-6　「総務省 電波利用 電子申請・届出システムLite」のトップページ．すべてはここから

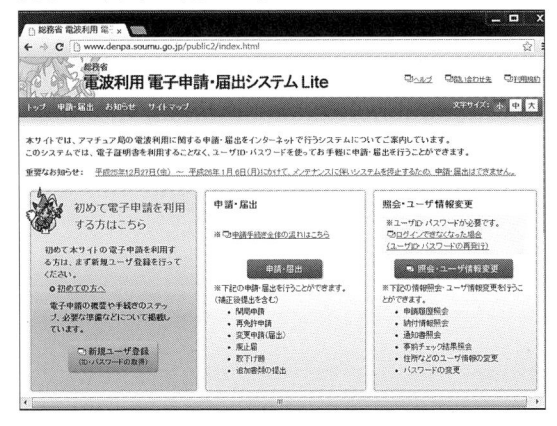

表2-2　アマチュア局の申請手続きと手数料一覧

手続内容	手続方法	送信出力区分と手数料額	
		50ワット以下	50ワット超え
新規免許	書類による申請	4,300円	8,100円
	電子申請	2,900円	5,500円
再免許	書類による申請	3,050円	
	電子申請	1,950円	

（平成25年8月現在）

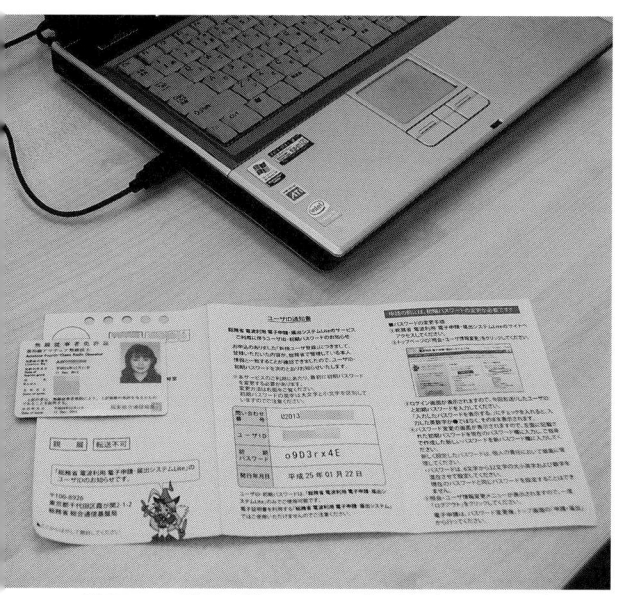

第2章 アマチュア無線の免許を取ろう

写真2-13 電子申請Liteのユーザー登録完了通知ハガキ
新規ユーザー登録をすると,IDやパスワードがハガキで届く.ユーザー登録は早めに行っておくとよい

図2-7 電子申請Lite ～住所などの入力画面

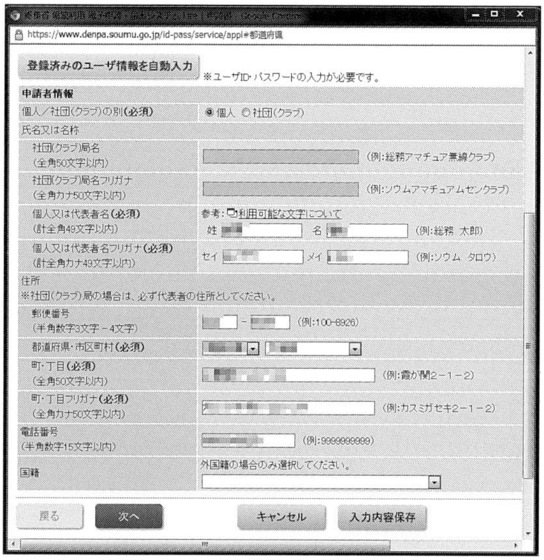

図2-8 電子申請Lite ～電波型式と出力の入力正面

図2-9 電子申請Lite ～技術基準適合証明番号などの入力画面

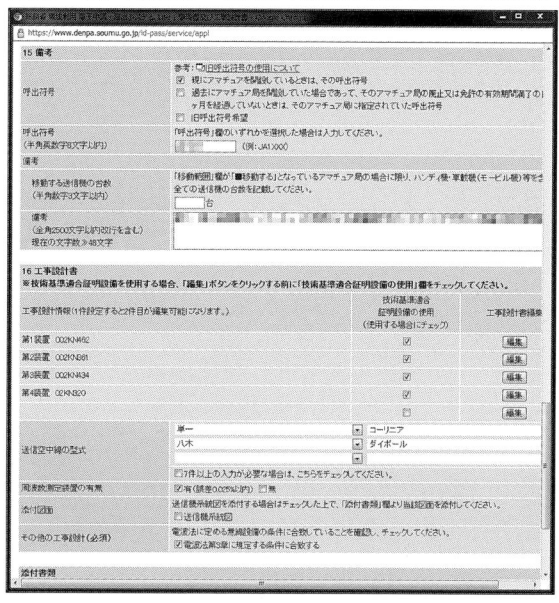

みて,それを転記するという考え方で電子申請にチャレンジすれば,きっとうまく行きます.

技術基準適合証明を受けた無線機だけを使って申請を行う流れを,要点のみ説明していきます.

■ **電子申請を行うにはユーザー登録が必要**

総務省 電波利用 電子申請・届出システムLite(以下,電子申請Lite)で申請するには,まずはトップページ(**図2-6**)から新規ユーザー登録を行います.すると,IDとパスワードが書かれたハガキ(**写真2-13**)が1週間ほどで届きます.

ユーザー登録には無線従事者免許証の番号が必

モービル・ハム入門 | 59

要なので，無線従事者免許証が届いたらすぐにユーザー登録を行っておくと効率的です（ユーザー登録は無料）．

■ 入力の流れ

IDとパスワードが届いたら，開局申請を選んで画面の指示に従って入力していきます．申請用紙に記入するのと同じような内容が，順を追って出てくるので，それに対して入力していけばOKです（p.59，**図2-7**〜**図2-9**）．入力が完了したらいったん「入力内容保存」を行いましょう．そのあ

コラム2-3　免許関係〜知っていると便利な制度〜

● 設備共用制度

もし，家やクルマに設置した無線機を，家族（など）で共用したい場合は，それが認められます．もちろん無線設備がある住所（移動局なら常置場所，固定局なら設置場所）は共用する人たち同士で一致していることが前提です．

申請書類の工事設計書の備考欄には「第〇送信機はJA1QSL局の第〇送信機と設備共用する」など，誰とどの無線機を共用するかわかるように記入します（JA1QSLの部分は共用する家族のコールサインに置き換える）．4アマの局が3アマ以上の局しか使えない無線機を使うことはできないので，このような場合は4アマで使える無線機のみピックアップして共用します．

移動する局に発行される，無線局免許証票は，設備を共用する無線機1台に，共用している人の数だけ貼ることになります．

● 社団局

社団局とは，会社や学校，地域などで2名以上の人が集まって，一つのアマチュア無線局を開設できる制度で，クラブ局とも呼ばれます（**写真2-B**）．コールサインはJQ1YDAやJQ1ZEVなど，サフィックス（数字の後の3文字）の最初の一文字がYまたはZになります．社団局のメンバー（構成員）として総合通信局に届出が行われている人が，その社団局の設備を使って運用することができます．

社団局を開設するには，通常の開局申請時の書類に加えて，定款や構成員名簿を添付して申請します．こちらも，ハムショップなどで購入できる「アマチュア局 個人・社団用開局用紙」（p.55，**写真2-12**）に詳しい説明があるので，活用するとよいでしょう．

電子申請で社団局の申請を行う場合には，社団局として，個人とは別にユーザー登録を行います．

● ゲスト・オペレーター制度

アマチュア無線の従事者免許を持つ人が，「ほかの人」の無線設備を使って運用できる制度です．その「ほかの人」が立ち合いのもと運用することが条件で，免許制度上の手続きは必要ありません．

例えば，クルマに付いている無線機を同乗している別のハムが臨時にオペレートすることもできます．従事者免許を取得してすぐに，すでに開局している局を訪問し体験交信することもできます．

この場合，コールサインはその無線設備の免許を受けた人のコールサインを使い，ゲスト・オペレーターである旨をアナウンスします（例：こちらは「JA1QSL，ゲスト・オペレーターの JA1QRZ 田中です」）．

写真2-B　社団局のようす

第2章　アマチュア無線の免許を取ろう

図2-10　電子申請Lite ～送信画面
ここで送信ボタンを押してIDとパスワードを入力すると，申請データが総務省あてに伝送される

図2-11　申請履歴照会を行ったところ
申請データを送信した直後は，状態表示が「到達」になる

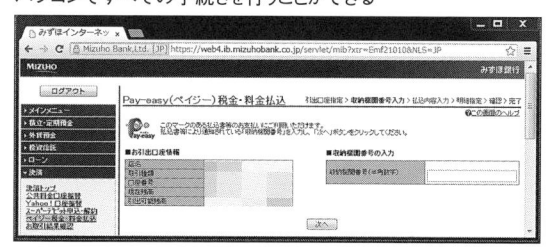

図2-12　Pay-easy（ペイジー）の画面例
Pay-easyは数多くの銀行が対応している決済システム．ペイジー対応のネットバンクを使えば，窓口にわざわざ出かける必要がなく，パソコンですべての手続きを行うことができる

とで総務省に送信すれば申請作業は終了です（**図2-10**）．保存したデータは後日，内容を確認したり，変更申請（届）のときに役立ちます．こまめな保存をお勧めします．

■ **審査の進捗状況が見られる**

トップページ（p.58，**図2-6**）で「照会・ユーザー情報変更」から申請履歴照会を開くと，送信したデータが今どのような状態かを見ることができます（**図2-11**）．

データを送った直後は「到達」と表示され，その後，「受付処理中」→「審査中」→「手数料納付待ち」→「審査中」→「審査終了」という具合に変化していきます．

■ **申請手数料の納付**

申請に伴う手数料の納付は，ユーザー登録時に記入したメール・アドレスあてに納付のお知らせが来てから，銀行のATMまたはインターネット・バンキングのPay-easy（ペイジー）で支払います．

Pay-easyに対応したインターネット・バンキング・サービス（**図2-12**）をあらかじめ使えるようにしておくと，申請手続きから納付手続きまでのすべてをパソコンで行うことができます．

納付のお知らせが届いたら，免許状の返信用封筒を管轄の総合通信局に送ります．その際，送付する封筒と返信用封筒に問い合わせ番号を明記しておきます．問い合わせ番号は「照会・ユーザー情報変更」で調べられます．

■ **電波利用料**

無線局免許が発行されるのと同時に発生し，免許有効期間中は，毎年1回納付するように定められています．アマチュア無線局は年間300円です（平成25年8月現在）．　　　（7M1RUL　利根川 恵二）

モービル・ハム入門 | 61

第3章
無線機とアンテナの取り付け

モービル・ハムの象徴である無線機とアンテナを車に取り付けてみましょう．まずは，何が必要か確認してから，その次にアンテナや無線機の取り付け場所，電源ケーブルや電線類の引き回しについて考えてみます．

3-1　用意するアイテム

　第4級アマチュア無線技士の資格を新規に取得される方（アマチュア無線を初める方）は年間1万人を超え，資格を持っているだけではなく，実際に免許されているアマチュア無線局の数は43万局を超えますから，無線機メーカーも続々と新たな機種を出してきます．アンテナやマイクなどの周辺機器もニーズの多様化にあわせて豊富なラインナップがあります．

　すべての製品を紹介するのは誌面の都合で無理ですが，そのような製品の中からご自身の環境にぴったりな製品を見つけて，モービル・ハムをセットアップしてみましょう．まずは，何が必要かを考えて見ます．

モービル・ハムに必要なもの

　クルマでアマチュア無線を楽しむためにそろえたいアイテムを表3-1に示します．①～②はなくてはならないもの，③以降は運用バンドや楽しみ方に応じて必要となるものです．

　ところで，自分のクルマに取り付けた無線機を自分自身で使うには，無線従事者免許証だけではなく，無線局免許状も得なければなりません．無線局免許状の申請は使う無線機を用意（購入）してから申請することになるので，無線機だけは早めに購入して，申請手続きを行っておくとよいでしょう．

　取り付けは，免許状が来る前に行っても大丈夫ですが，送信できるような状態でクルマに取り付けてあると，電波検問（違法無線局の取り締まり）に遭遇したときに必要な免許（無線局免許）を得て

表3-1　そろえたいアイテム一覧

① 無線機（トランシーバ）
② アンテナと基台，同軸ケーブル
③ 測定器（セットアップ後の確認用）
④ モービル用マイク
⑤ ノイズ対策グッズ（HFの場合）
⑥ アンテナ・チューナ（HF/50MHzの場合）
⑦ アマチュア無線用業務日誌（ログ）
⑧ QSLカード

第3章　無線機とアンテナの取り付け

いないとして指導(悪質な場合は摘発)されることがあるので，免許状が届く前にクルマにセットアップした場合にはマイクまたはアンテナを取り外して，免許状が届くまで家で保管しておきましょう．

■ そのほかに必要なもの

CQを出すなどして，不特定多数の人と交信を行う予定であれば，**表3-1**に示す⑦と⑧のアイテムも用意します．⑧のQSLカードは無線局免許状に記載されている識別信号(コールサイン)がわからないと作れないので，免許状が届いてから制作します．

続いて，**表3-1**で紹介した各アイテムについてもう少し詳しく説明します．

必要なもの ① 無線機

アマチュア無線機は，ほかのジャンルの無線機に比べ，さまざまな運用形態に対応できるように大きさ，形状，機能も多種多用です．まず，それらを大雑把に分類すると，設置環境，対応バンド，対応モード，設置方法でわけることができます(**コラム3-1〜コラム3-3参照**)

モービル・ハムを楽しむのなら，周波数などの情報を表示する部分(操作パネルやフロント・パネル，コントロール・パネルという)が見やすく，操作がしやすい，設置しやすいモービル機がよいでしょう．

あとは，保有する無線従事者資格により最大送信出力が異なりますから，それに応じた無線機を選ぶ必要があります．第4級アマチュア無線技士はHF(1.9〜28MHz)が10W，50〜430MHzは20Wまでです．

第3級アマチュア無線技士以上の方は，(移動する局として)HF〜430MHzで50Wが最大出力になります．最大出力が100Wの無線機を用意して，50Wしか出さないと言っても免許されません．

■ モービルにお勧めの無線機は？

入門用としては，第1章でもお勧めした144/430

コラム3-1　無線機の設置環境による分類

アマチュア無線用の無線機を形状別に大きくわけると次のとおりです．用途別ともいえる結果ですが，小は大を兼ねることができます．

例えば，ハンディ機やモービル機は商用電源の交流100Vを直流13.8Vに変換する「安定化電源」から電源を供給してあげれば，家でも使うことができます(次に示す無線機は一例で，ほかにも多くの製品がある)．

① 家に設置する「固定機」 
写真3-A　JVCケンウッド TS-990

② クルマへの設置を意識した「モービル機」 
写真3-B　アルインコ DR-635HV

③ 手に持つタイプの「ハンディ機」 
写真3-C　アイコム ID-51

モービル・ハム入門　63

MHzのFMモードで運用できればよしとして，144/430MHz FMモービル・トランシーバで，操作パネルが本体から分離できるタイプがお勧めです．

あとは最先端の機能（デジタル音声通信モードやAPRS）が付いているかどうかが分かれ目になります．最先端の機能が付いている無線機はそのぶん予算もアップするので，お財布と相談して決めましょう．

このようなデジタルやAPRSに対応した無線機のラインナップには，ハンディ機もありますから，後でハンディ機を買い増して対応するという方法も考えられます．ただしハンディ機の送信出力はモービル機に比べて小さいので要注意です（最大出力が5Wという機種が多い）．

■ SSBも楽しみたい方へ

クルマを見晴らしが良い場所に停めて楽しむ「移動運用」や「コンテスト」，「アワード・ハント」なども楽しみたい場合は，FMとSSBモードに対応している無線機がよいでしょう．

これらの対応モードの傾向を探ってみました

コラム3-2　モービル機の対応バンドによる分類

モービル機には，一つのバンドに対応したモノバンド機から，多くのバンドに対応したマルチバンド機まで多くのラインナップがあります．中でも144/430MHzに対応した無線機には，廉価版ともいえる切り替え式と，2波同時受信可能なタイプに分けることができます（次に示す無線機は一例で，ほかにも多くの製品がある）．

① 29MHz～1200MHzのうちいずれかのバンドに対応したモノバンド機

写真3-D　八重洲無線 FT-1900

② 144/430MHzに対応したデュアルバンド機（2波同時受信型）

写真3-E　JVCケンウッド TM-V71

③ 144/430MHzに対応した2バンド機（切り替え式）

写真3-F　八重洲無線 FT-7900

④ HF～430MHzに対応したマルチバンド機

写真3-G　アイコム IC-7100

第3章　無線機とアンテナの取り付け

（**コラム3-4**参照）．2013年夏現在，SSBに対応した無線機で市販されているのは，HF～430MHzまで対応したマルチバンド・オールモード機と呼ばれる製品群のみで，V/UHFのSSBモードを楽しみたいという動機で購入しても，HFがもれなく付いてきます．

小さな筐体に多くのバンド，モード，機能が入っているためにビギナの方は難しそうだという印象を持たれるかもしれませんが，これ1台にアマチュア無線の楽しみを凝縮したと考えれば，ある意味お得な製品とも言えます．

アマチュア無線の楽しみを効率的に探ってみたい，長く深く楽しみたい方にお勧めです．

必要なもの ② アンテナと基台，同軸ケーブル

モービル用のアンテナ（モービル・ホイップ）が市販されているので，運用したいバンドのものを購入します．あわせて，アンテナを取り付けたい場所に合うアンテナを取り付ける基台（ベース）

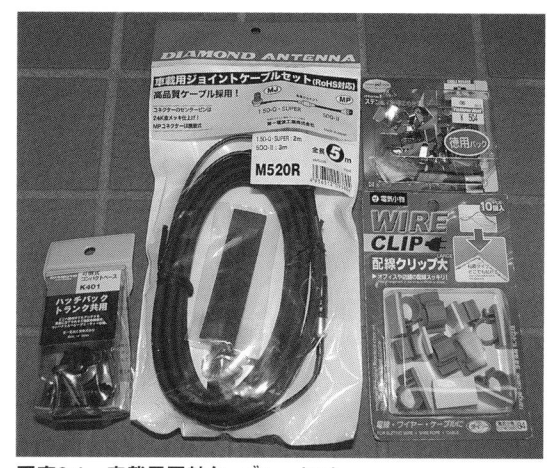

写真3-1　車載用同軸ケーブル・セット
写真中央が車載用同軸ケーブル・セット．途中から同軸ケーブルの太さが変わっているタイプが車外から車内への引き込みが容易なのでお勧めしたい．左に写っているのがアンテナ基台．右のパーツはカー用品店で購入したステンレス配線止め金具と100円ショップで購入した配線クリップ．これらも用意しておくと便利

と，アンテナと無線機をつなぐ同軸ケーブルを用意します．同軸ケーブルは「車載用」として売られているM型コネクタ付きのもの（**写真3-1**）がお勧めです．これらはすべてハムショップで購入できます．

コラム3-3　設置方法による分類

モービル機は，操作パネル（フロント・パネル）を本体から分離できるタイプがほとんどですが，モノバンド機を中心に操作パネルの分離機構を省き，価格を抑える傾向があるようです（次に示す無線機は一例で，ほかにも多くの製品がある）．

① 操作パネル一体型

写真3-H　アルインコ DR-03SX

② 操作パネル分離型（セパレート型）

写真3-I　八重洲無線 FTM-400D

モービル・ハム入門 | 65

図3-1 ボディ・アースが必要な理由
モービル・ホイップは車の車体がラジアル（地線）の役割を果たすように設計されているので，アンテナを差し込むコネクタの外側の部分をクルマのボディと最短距離でつなぐ（ノンラジアル・タイプのアンテナを使う場合を除く）

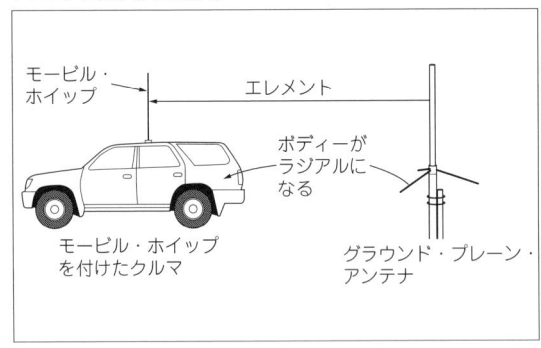

写真3-2 ボディ・アース処理済の基台
丸端子から出ている太い線（右方向に出ている線）がボディに電気的につながっている

　具体的な取り付け場所と取り付け方法についてはp.72以降をご覧ください．

■ **ボディ・アースの材料を用意する**

　ボディ・アースの処理は50MHz以下のアンテナでは必須の作業です．V/UHFのアンテナでも「ノンラジアル」と書いていないアンテナを使う場合にはボディ・アースの処理が必要です（**図3-1**，**写真3-2**）．

　ボディ・アースの処理方法は後ほど説明しますが，アンテナの根元の接続コネクタのネジの部分をできる限り太い電線で最短距離を意識してクルマのボディと接続します．もしこの処理が大変な場合にはマグネット・アースシート（**写真3-3**，第一電波工業のMAT-50）を使いましょう．ただし，このシートの対応は7MHz～50MHzまでです．

　ボディ・アースを行う理由は，モービル・ホイップが車のボディをラジアルとして利用することを前提に設計されているからです（ラジアルは高

コラム3-4　モービル機の対応モードの傾向

　モービル機はFMモード専用と思われがちですが，最近はFMモードにプラスして，D-STARやC4FMなどのデジタル音声モードに対応しているもの，世界的に普及しているAPRSの機能を搭載した製品があります．SSBを楽しみたい場合は，FM/SSB/CW/AMモードに対応した多バンド・オールモード機が候補になります（次に示す無線機はほんの一例で，ほかにも多くの製品がある）．

① **FMモード専用機** 
写真3-J　アイコム IC-208

② **FMモードとデジタルやAPRSに対応したもの** 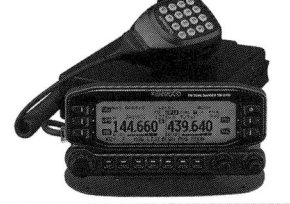
写真3-K　JVCケンウッド TM-D710
（FMとAPRSに対応）

③ **FM/SSBに対応したオールモード機** 
写真3-L　八重洲無線 FT-857DM

第3章　無線機とアンテナの取り付け

写真3-3　第一電波工業のMAT-50（マグネット・アース・シート）高周波的にボディ・アースをしたのと同じ効果が得られる

写真3-5　マグネット基台とアンテナ・エレメントが一体化したアンテナ（コメット M72S）

周波的に大地へアースした効果が得られる）．ボディ・アースが不要なアンテナを「ノンラジアル」と呼ぶ理由はここにあります．

■ アンテナを選ぶ

　アンテナは無線機以上にさまざまなタイプがラインナップされています．長いものから短いもの，色もステンレス地肌の銀色のものもあれば，目立たないように黒色に塗装されたものなど，設置環境に合わせて選択できます．

● お勧めの144/430MHz用モービル・ホイップ

　144/430MHz用のモービル・ホイップはボディ・

アースの処理が不要な，長さ70cm～1mぐらいの「ノンラジアル・タイプ」がお勧めです（**写真3-4**）．

　アースの処理も厳しく，長いアンテナも厳しい場合は，マグネット基台とアンテナ，同軸ケーブルが一体化したセット（マグネット・アンテナ）がお勧めです（**写真3-5**）．これはマグネット基台部分にアース・シートのような効果が期待でき，原則としてアース処理の必要がありません．業務用無線のアンテナでも採用されています．

● お勧めのHF～50MHz用アンテナ

　HF～50MHz用のアンテナは，7MHzであれば10mの長さになるところをローディング・コイルと呼ばれるコイルを利用して長さ約1m～2.4mに短縮しています．アンテナ自体がが重くなるので，基台もガッチリとボディに噛むタイプを利用します．

　HF用のモービル・ホイップの場合，環境が許す限り長いアンテナが良いのですが，車高が1.8mの車の屋根に2.1mのアンテナを取り付けた場合，道路交通法上の規制（高さ3.8m以内）を超過してしまいます．たとえ3.8m以内に収まっても木の枝や道路に飛び出している看板などにアンテナをぶつけてしまう恐れもあり危険です．

写真3-4　144/430MHzのノンラジアル・ホイップの典型例（写真は第一電波工業 AZ510．同色外観で50MHzにも対応したAZ910もある）

モービル・ハム入門　| 67

写真3-6 ベース・ローディング型のアンテナとセンター・ローディング型アンテナの例

部分に付いたセンター・ローディング型がメジャーです(**写真3-6**).

必要なもの ③ 測定器

一般的なテスタ(**写真3-7**)とSWRメータ(**写真3-8**),無線機とSWRメータをつなぐ短い同軸ケーブル(**写真3-9**)を用意します.SWR測定機能が無線機の機能として内蔵されている場合はSWRメータは不要です.

テスタはホームセンターなどで,SWRメータと同軸ケーブル・セットはハムショップで購入できます.

詳しくは後述しますが,セットアップ完了後,SWRメータをつなぎ,電波を出したい周波数の範囲で*SWR*がおおよそ1.5以下に収まることを確認します.HFの場合は運用したい周波数で*SWR*がおおよそ2.0以下になるようにアンテナを調整します.

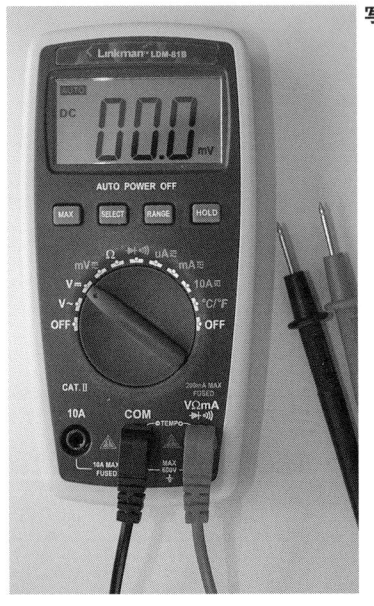

HFのモービル・ホイップはローディング・コイルがアンテナの基部についたベース・ローディング型とローディング・コイルがアンテナの中間

写真3-7 一般的なテスタ

写真3-8 SWRメータ

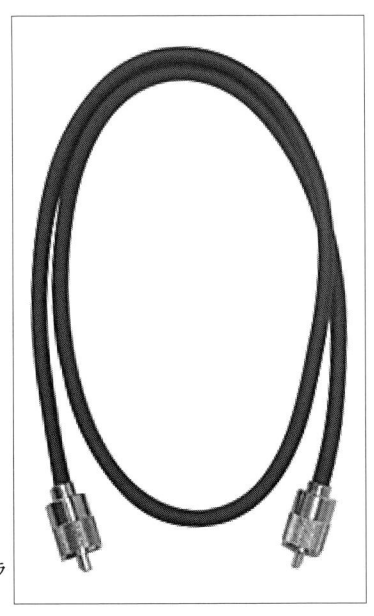

写真3-9 両端にM型コネクタのオス(プラグ)が付いた短めの同軸ケーブル

第3章　無線機とアンテナの取り付け

コラム3-5　モービル・ホイップは長ければ長いほどよい？

　利得の高いアンテナ（長めのV/UHFアンテナ）は上下（垂直）方向に鋭い指向性を持っています．見通しの良いところで運用すると遠方まで電波が届きます（**図3-A**）．

　対してそれほど利得を重視していないアンテナは垂直方向の指向性が鋭くないので，都会のビルの間など，上方から反射してくる電波にも有効であると考えられるようになってきました（**図3-B**）．

　実際，APRSを運用したりレピータをアクセスして楽しむ場合，高利得なアンテナより，短かいアンテナを使ったほうが，データが通りやすかったり，フェージングによるバサバサ音が低減されたという経験があります．

図3-A　アンテナの利得と垂直面指向性

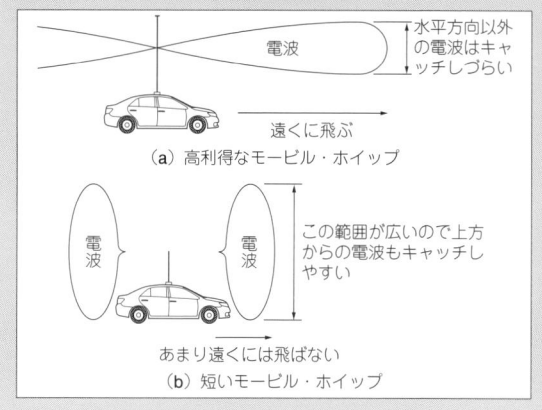

(a) 高利得なモービル・ホイップ
水平方向以外の電波はキャッチしづらい
遠くに飛ぶ

(b) 短いモービル・ホイップ
この範囲が広いので上方からの電波もキャッチしやすい
あまり遠くには飛ばない

図3-B　ビルの谷間は短いアンテナが有利
電波　ビル反射

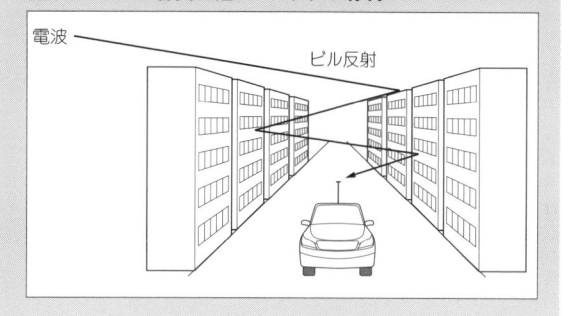

必要なもの ④ ノイズ対策グッズ

　必ず必要というわけではありませんが，HFでモービルを楽しむ場合は，パッチン・コアと呼ばれるフェライト・コア（**写真3-10**）を無線機につなぐケーブルそれぞれに数個から10個ほど取り付けることでノイズが減る場合があります（必ず減るというわけではない）．特にハイブリット車の場合はHFでノイズが出るので，このパッチン・コアによる対策を行い，ノイズ発生源からできる限り遠いところにアンテナを設置します．

必要なもの ⑤ モービル用マイク

　ハンドマイクを握りながら運転すると，必然的に片手運転になります．一応，**コラム3-6**のような考え方がありますが，もし走行中，無線運用に気を取られ，片手運転で事故などを起こすとそのぶん過失割合が増す可能性があり，安全運転義務違反の按配も変わってくる可能性があります．

　そのようなこともあり，警察官にその状態を現認されると，地域によってはやめるように指導されることもあるようです．

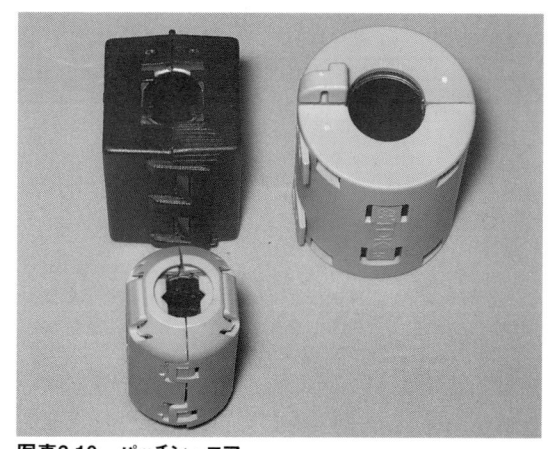

写真3-10　パッチン・コア
お勧めは，5D-2Vの同軸ケーブルに付けることができるTDKのZCAT3035-1330

写真3-11　モービル用フレキシブル・マイクと無線機に接続するマイク・ケーブル(右側)

写真3-12　手動タイプのアンテナ・チューナ(コメット CAT-10)

写真3-13　自動タイプのアンテナ・チューナ(東京ハイパワー HC-100AT)

図3-2　チューナは，トランシーバ側から見たアンテナのSWR特性を変化させることができる

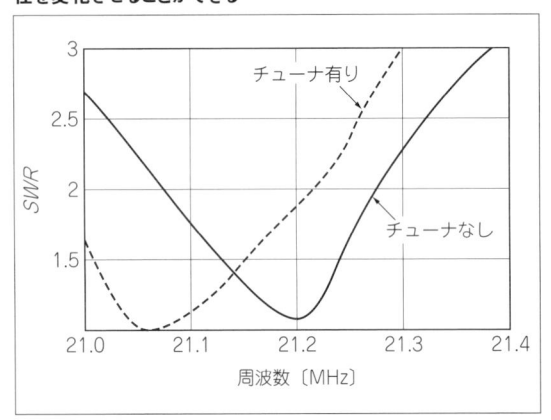

なることは，普通のモービル・ホイップではほとんどありません．特に7MHzのモービル・ホイップでは送信できる周波数の範囲(SWRが2.0以下の範囲)が30kHzぐらいになることが多いようです．そんなときに便利なのがアンテナ・チューナです．アンテナ・チューナは無線機側から見たSWRの最良点を上または下の周波数にずらすことができるので，実質的に送信できる周波数の範囲を広げることができます(**図3-2**)．

チューナには手動で調整するタイプ(**写真3-12**)とボタンを押すだけで自動で調整するタイプ(**写真3-13**)があり，モービルの場合は自動で調整するチューナが便利です．

なお，チューナがすでに内蔵されている無線機もあります．

そのようなリスクを軽減するために，**写真3-11**のようなモービル用フレキシブル・マイクの利用をお勧めします．これを使うことで片手運転のリスクはかなり減ります．

必要なもの ⑥ アンテナ・チューナ

HF～50MHzで運用する場合，バンド内のすべての周波数においてSWRが2.0(または1.5)以下に

必要なもの ⑦ アマチュア無線用業務日誌(ログ)

無線局で使われる業務日誌(ログ)とは交信した相手局のコールサイン，周波数，時間などを記録

第3章　無線機とアンテナの取り付け

> **コラム3-6**　走行中のハンドマイクの使用は違反?
>
> 　2004年11月1日に改訂，施行された道路交通法では，「携帯電話等の無線通話装置の走行中の使用の禁止」，「走行中の画像表示装置の注視の禁止」に関する罰則などが設けられました．
> 　警察庁は無線通話装置の解釈について，次のようなものとしています．
> 　「その全部又は一部を手で保持しなければ送信及び受信のいずれをも行うことができないものが規制の対象．規制の対象となる無線通話装置は，個々具体的に判断される必要があるが，典型例としては携帯電話や自動車電話が該当し，ハンズフリー装置を併用している携帯電話，据え置き型や車載型のタクシー無線などについては一般的に規制の対象とならない．
> 　今回の規制の対象に当たらない無線通話装置を使用した場合であっても，これにより交通の危険を生じさせた場合には，安全運転義務違反が成立する．」
> 　「走行中に携帯電話等を使用したり，PDAなどの画像表示装置を使用すると，片手運転となり運転操作が不安定となるほか，会話に気がとられたり，画像を注視することにより，運転に必要な周囲の状況に対する注意を払うことが困難となって危険な行為である」との認識に基づき設けられたものです．
> 　アマチュア無線用の無線機では，ハンディ・トランシーバが対象となり，走行中にハンディ・トランシーバを単体で使用すると規制の対象となります．
> 　ハンディ・トランシーバ単体ではなく，本体にヘッドセットやハンズフリー装置，モービル用マイク，スピーカ・マイク，外部接続のマイクなどに付けて使用する場合は規制の対象外としています．（日本アマチュア無線連盟が公開している資料より抜粋）

するノートです．法律ではアマチュア無線では省略してよいことになっています．しかし，不特定の人たちと交信した場合，いつ誰と交信したか記録しておかないと，QSLカードの発行もできず，将来アワードなどを申請したくなったとき，その手がかりや見通しさえつかなくなってしまいます．

　運転中の交信はその場でログを記入するのは大変なので，とりあえずメモ用紙にメモしたり，スマートフォンや携帯電話などのボイス・レコーダに音声で記録しておき，あとでログに転記するとよいでしょう．なお，アマチュア無線を楽しむ人たちの間では，パソコンで使うログ・ソフトが人気で，日本では「Turbo HAMLog」というソフトウェア（**図3-3**）がよく使われています．交信時のメモを自宅に持ちかえってハムログに入力しておくとよいでしょう．

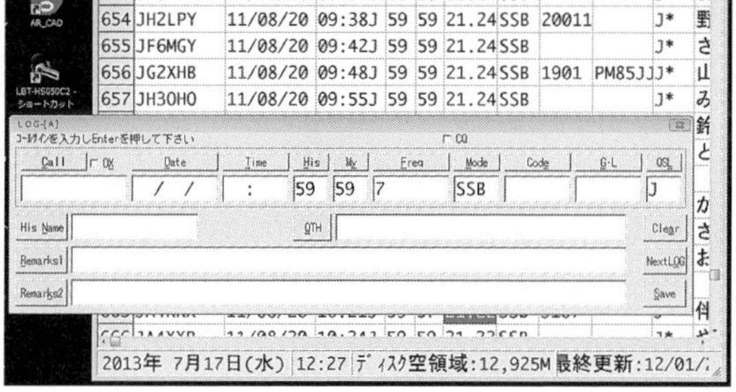

必要なもの ⑧ QSLカード

　CQを出したり，CQを出している局を呼ぶなどして不特定多数との交信を楽しむ方は，QSLカードも制作しましょう．

　QSLカードの作成はQSLカードを扱う印刷会社に相談して依頼すると便利です．そのような印刷会社ではQSLカードの書式のパターンをいくつも持っていて，依頼する側はそのパターンの中から希望のものを指定し，コールサイン，住所などのデータに写真を添えて申し込めば印刷してくれます．　　　　　　　　　　（7M1RUL　利根川 恵二）

図3-3　Turbo ハムログの画面

3-2 クルマへのセットアップ

モービル用トランシーバ(以下，リグ)をクルマにセットアップする方法を紹介しましょう．

クルマにリグを取り付ける作業を工程順にまとめると次の項目に分かれます．

① 無線機本体と操作パネルの取り付け
② 電源の取り出しと電源ケーブルの引き回し
③ アンテナ基台の取り付けとケーブルの配線
④ マイクと外部スピーカ(必要に応じて)の配線

これら各アイテムのメジャーな取り付け場所と配線の引き回しの概要図を図3-4に示します．

クルマへの取り付け方法は千差万別，使い勝手やこだわりも人それぞれだと思います．ここでは概要の域を脱しませんが，ちょっとしたノウハウも紹介します．

① 無線機の取り付け

最近のモービル機は無線機本体(以下，本体)から操作パネル(コントローラやフロント・パネルともいう)を分離できるものがほとんどなの

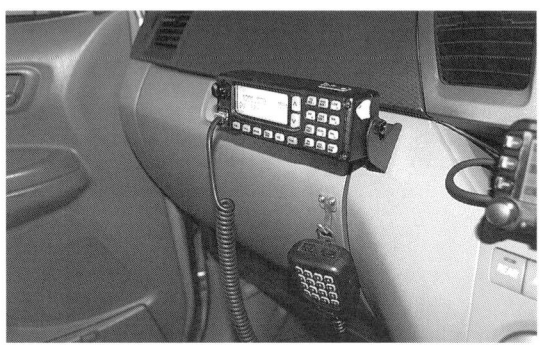

写真3-14 操作パネルをタップビスで取り付けた例
補修用パーツとして購入したグローブ・ボックスのフタに，気兼ねなくビスを打って固定した

図3-4 モービル・ハムに必要な各アイテムの一般的な設置場所と配線の概要

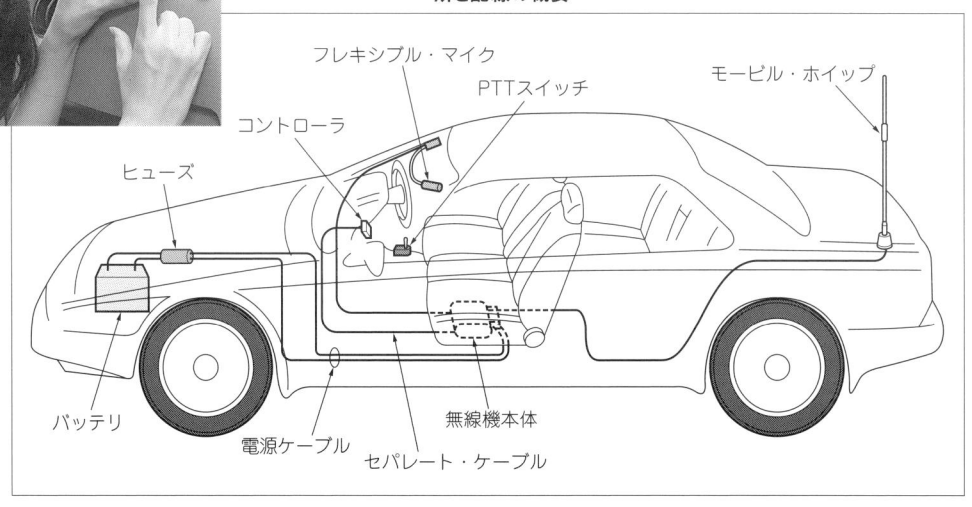

フレキシブル・マイク
PTTスイッチ
コントローラ
モービル・ホイップ
ヒューズ
バッテリ
電源ケーブル
無線機本体
セパレート・ケーブル

72 モービル・ハム入門

第3章　無線機とアンテナの取り付け

写真3-15　操作パネルを分離しないで，足元に取り付けた例

写真3-16　操作パネルを両面テープで取り付けた例．視認性がよいダッシュボードのセンターに．ケーブルもきれいに固定されている

写真3-17　操作パネルはダッシュボードのセンターに取り付ける人が多い．やはり視認性が最もよい場所と思われる

写真3-18　写真3-17の操作パネルはカー用品店で売られている汎用L型金具と両面テープで固定されていた

写真3-19　右側のエアコン吹き出し口の下の隙間に付けている人も多い

写真3-20　右側のエアコン吹き出し口の下の部分は操作性が良い

で，操作パネルは両面テープなどで貼り付け（**写真3-14～写真3-21**），本体をトランクの中やシートの下に設置しているパターンをよく見かけます（p.76，**写真3-22**，**写真3-23**）．最近のクルマの室内はデザインや操作性を両立した曲線的なレイアウトが増えていることもその理由の一つでしょう．

モービル・ハム入門 | 73

写真3-21　助手席側に両面テープで貼り付けた例

　本体はシートの下やトランクなどに設置できれば車内スペースが有効に使えてよいのですが，シートの下に本体が収まるほどの空きスペースがない場合もあります．

　操作パネルの取り付け場所も悩ましいものです．見やすく操作しやすい場所に取り付ける必要があり，運転操作のじゃまにならないようにしなければなりません．

　まずは，本体と操作パネル（コントローラ）の設置場所でよく見かけるパターンを**図3-5**に示します．次に，本体と操作パネルの設置にあたって気を付けたい内容をピックアップします．

① 振動や温度上昇などで脱落しないようにする
　特に両面テープで操作パネルを貼り付ける場合は車内温度の上昇で普通の両面テープでは粘着剤が溶けます．カー用品店で売られている「クルマ用」の両面テープを利用しましょう．

② エアコンの吹き出し口を妨げないようにする
　操作パネルはもちろんのこと，シート下に本体を設置する場合にはヒーターの吹き出し口から出てくる風が直撃しないように気を付けます．

③ エアバックの開口部とその付近を避ける
　エアバックがひらいたときに操作パネルが飛んでくることになります．

④ 外光などでフロントパネルの表示が見えづらくなる位置を避ける

　ところで，**写真3-15**の取り付け例は操作パネルと本体をあえて一体化して付属のモービル・ブラケットを使用しています．このように固定すると，本体と操作パネルをつなぐケーブルの引き回しが不要なので工数的にはラクです．

　写真3-14，**写真3-15**のように内装に穴をあけたり加工するのはどうも……という場合は「交換が容易な部分」を利用する方法もあります．

　例えばグローブボックス（助手席前の収納ボックス）などは，取

図3-5　本体や操作パネルの一般的な設置場所

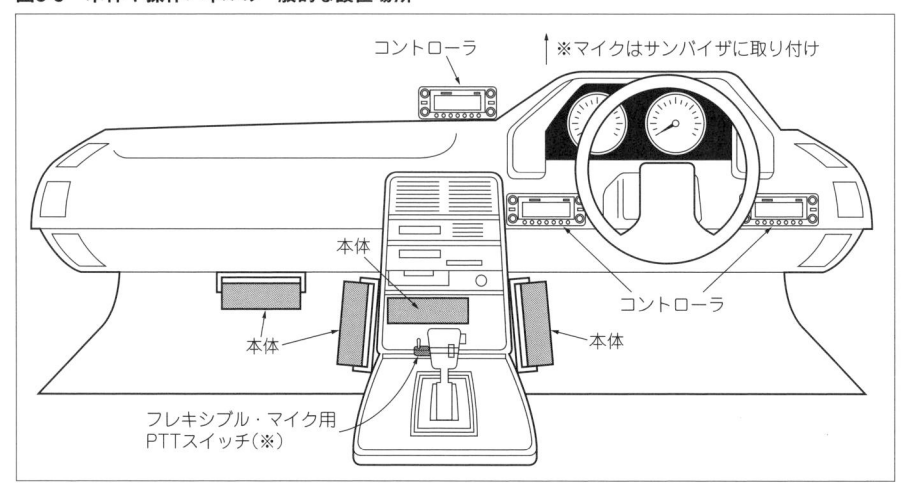

コントローラ
※マイクはサンバイザに取り付け
本体
本体
本体
コントローラ
フレキシブル・マイク用PTTスイッチ（※）

第3章　無線機とアンテナの取り付け

り外しが容易なので，補修用パーツとして同じものをあらかじめ購入しておき，現在付いているものにビスを打ち，後日リグを取りはずす際にパーツごと交換して原状に戻す作戦です．ディーラーや自動車部品販売店で「この部分のパーツが欲しい」と申し出て調べてもらい購入できます．これなら気兼ねなくビスも打てそうです．パーツを買う場合は，パーツが付いている部分の写真と車検証のコピーを持っていくとよいでしょう．

② 電源の取り出しと電源ケーブルの引き回し

モービル機はDC12V（直流の12V）で動作するので，クルマの12Vのバッテリから電源を取るのが一般的です．トラックやバスの電源ラインはDC24Vの場合があるので，DC24VをDC12Vに変換するDC/DCコンバータという装置を介して無線機につなぎます．

一般的には次に示す場所から無線機用の電源を取りだして利用します．

① シガーライター・ソケット（アクセサリ・ソケット）から取る

② ヒューズ・ボックスから取る（**写真3-24**，**写真3-25**）

③ バッテリから直接取る（**写真3-20～写真3-32**）

この三つの方法のうち，①の電源ケーブルは一部のハムショップで購入できます．自作も可能です．②はヒューズ・ボックスから電源を取り出すためのグッズがカー用品店で売られているので，それを利用すると便利です．

①および②の方法で取り出せるのはせいぜい10Aまでで，ハンディ機や20W以下のリグが限界でしょう．実は容量や不安定さからあまりお勧めできる方法ではありません．もっとも確実なのは③で，リグの取扱説明書にもこの方法で電源を配線するように説明されています．

■ 安全のために

車の電装系に触る場合は，安全のためバッテリのマイナス側の端子をはずしてから作業するのが鉄則で，無線機も例外ではありません（ラジオのメモリなどがリセットされるが，安全第一）．

コラム3-7　貼り付けや固定に両面テープを活用！

フロントパネルや本体の固定に使うと便利なグッズを紹介します．

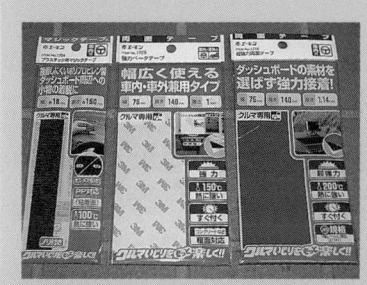

● **車用両面テープ**
高温にも耐えるクルマ用両面テープは操作パネルの固定に最適．カー用品店でさまざまな両面テープが売られている

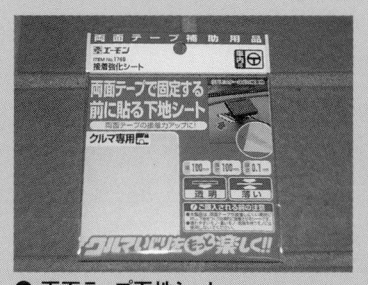

● **両面テープ下地シート**
両面テープを張る場所で両面テープの粘着力が効きづらい場合に利用するとよいシート

● **配線チューブ・ホルダ**
従来のケーブル止めよりもスタイリッシュにケーブルを止めることが可能．両面テープで固定するタイプ，取り付け例写真3-37でも利用している

写真3-22　セパレートで設置したリグの本体部分．シートの下に設置するパターンが圧倒的に多い

車室内に電源ケーブルを引き込む

● 電源ケーブルを加工する

　リグに付属してきた電源ケーブルを利用し，その先端部に適切なサイズの丸端子(3.5-6など)を圧着工具を使って接続(**写真3-26**)，配線チューブにケーブルを通し(**写真3-27**)，バッテリ・ターミナルのナットをいったん外してから共締めして(**写真3-28**)それをタイラップ(結束バンド)で固定しながら車室内に引き込んでリグにつなげばOKです．

● 車室内に電源ケーブルを引き込む

　バッテリはエンジン・ルーム内にあるので，エンジン・ルームから室内にケーブルを引き込んでこなければなりません．ところが，エンジン・ルームと室内は鉄の隔壁で仕切られていて，リグの

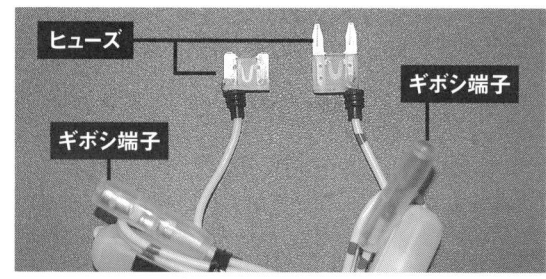

写真3-24　ヒューズ・ボックスから電源を取るパーツ「ヒューズ電源」（エーモン工業製）
左は「低背ヒューズ電源」（型番 E579），右は「ミニ平型ヒューズ電源」（型番E513），ほか「平型ヒューズ電源」（型番E531）の3種類がある．ヒューズの形状を間違えやすいので要注意．いずれも20Aヒューズから10Aまでの電源が取れる

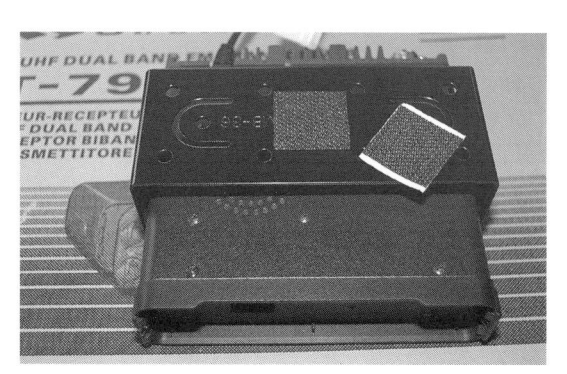

写真3-23　写真3-22の本体のようす
ブラケットに貼ってあるのはマジックテープの片側(固いほう)．パイル地の床材の場合，ガッチリ噛んでくれる

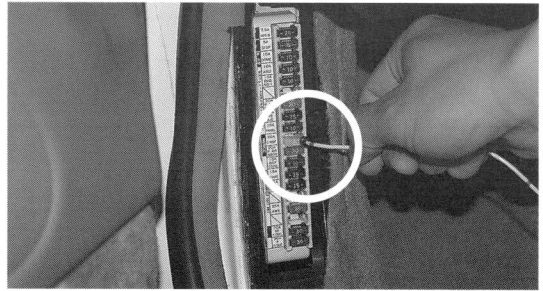

写真3-25　車室内のヒューズ・ボックスに「ヒューズ電源」を接続したようす
シガーライター用ヒューズを差し替えるケースが多い．シートヒーター，サンルーフなどのオプションがない場合，それらのヒューズは未使用または未挿入なのでそこから電源が取れる場合もある

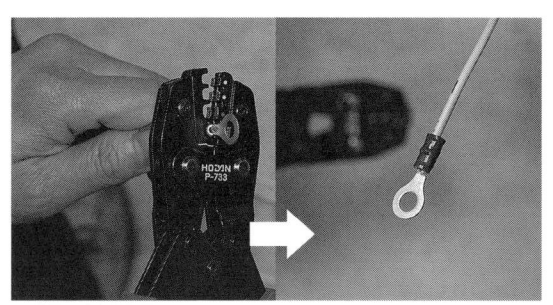

第3章　無線機とアンテナの取り付け

写真3-26　圧着端子(丸端子)とケーブルを工具を使って接続
丸端子は配線の太さと穴径(6mmがお勧め)の適切な物を．必ず専用の圧着工具を使ってカシメて固定する．はんだを流し込めば接触面が増えて抜けづらくなると思えるが，端子メーカーははんだ処理を必ずしも推奨していない

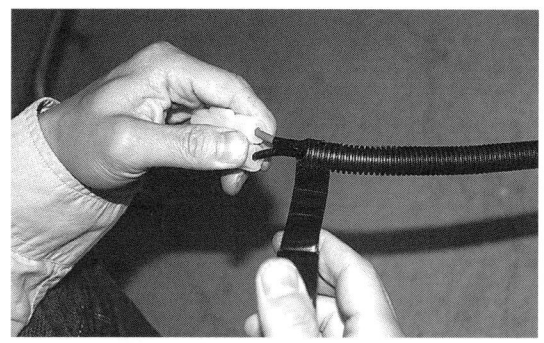

写真3-27　電源ケーブルを配線チューブで保護
配線チューブ(コルゲート・チューブ)を被せたら配線チューブの端をビニル・テープで巻いて処理する

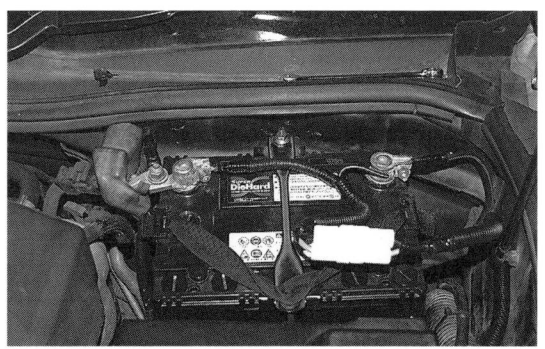

写真3-28　バッテリへの接続
赤いケーブルはプラス側，黒いケーブルはマイナス側のターミナルに接続．ヒューズは必ず付ける

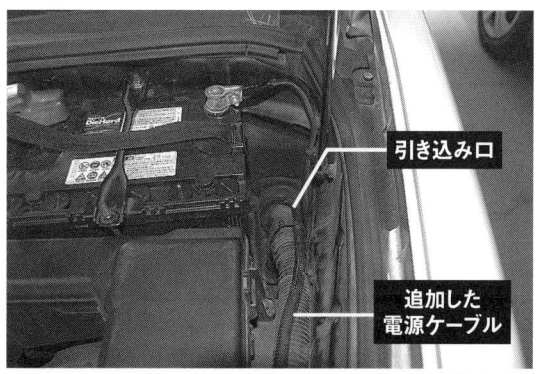

写真3-29　エンジン・ルームと室内を隔てる部分に設置されているゴムブッシュと既存配線．ここに電源ケーブルを通すのが理想的

電源ケーブルを通すために新たな穴を開けるのは不可能です．必然的にあらかじめ開いている(電線がすでに通っている)穴を利用して通すことになりますが，クルマによっては，電装品の追加などを想定して，未使用の穴がある場合があります．未使用の穴はゴムブッシュが刺さっているだけなので，見つけられる場合もあります．

　ケーブルは既存の電線(ハーネスと呼ぶ配線を束ねたもの)が車室内に引き込まれている部分のゴムブッシュ(**写真3-29**)または，未使用のゴムブッシュ(**写真3-30**)を利用して引き込みます(**写真3-47**)．既存の配線はそのエンジン・ルーム側にビニル・テープなどで固定されているので，それ

写真3-30　エンジンルームと室内を隔てる部分に設置されていた未使用のゴムブッシュを利用して電源ケーブルを通したよう
未使用のゴムブッシュの場合は比較的，楽に通せる

を一度解き，あらたに引いたリグ用の電源線を一緒に沿わせて再びテープで処理して復元すれば確

モービル・ハム入門　77

写真3-31　ゴムブッシュ部分に追加配線を通すのは難易度が高い
車種によっては写真3-30のようにオプション用品の配線を通すための穴が用意されている場合もある．樹脂製のパイプや配線ガイド（先に通しておき，配線を引き通すためのツールで，エーモン工業の1160が便利）にシリコングリスなどを少量塗ったものを先に通して作業を行うとスムーズ

写真3-32　ゴムブッシュを抜けて車室内に出てきた配線のようす
手に持っているのが「配線ガイド」

実です．既存の配線は複雑なうえにゴムブッシュの穴も狭いので，車室側に配線を出すには助手席または運転席の下に潜り込み，かなり無理のある姿勢での作業を強いられます．セットアップの中で一番難易度が高い作業ですが，「配線ガイド」というツールがあると多少はやりやすくなります（**写真3-31**，**写真3-32**）．周囲には鋭い金属部品がある場合もあるあるので手袋をしてケガのないように作業します．

　リグに付属してきた電源ケーブルはバッテリ側にヒューズ，リグ側にT型カプラ（コネクタ）が付いています（HFを含む多バンド機を除く）．T型カプラを外さないとゴムブッシュの部分はまず通せません．その場合は思いきってT型カプラをカットしてゴムブッシュの部分を通したあと，新たなT型カプラに付け替えるか，途中でカットした部分にギボシ端子を付けて脱着可能にするとよいでしょう．

　室内側からエンジン・ルーム内に向かってケーブルを通す作業は難易度が高いので，思いきって

コラム3-8　ボディ・アースの活用

　電源線のうち（＋）プラス側はいたし方ないものの，（－）マイナス側はわざわざバッテリなどから引かなくても，ボディーの金属部がバッテリのマイナス側とつながっていることから，リグの電源線のマイナス側とボディを電線でつなげばOKです．リグ本体から近いネジ，例えば，シートを止めているボルトなどやダッシュボード裏にある未使用のネジ穴などに共締めすることでより簡単に引くことが可能です．

　この場合，丸端子またはくわ型端子を接続し塗膜による不完全接触が起きないよう，塗膜を剥がし，外歯ワッシャなどを挟んで締めつけると効果的です．施工後はテスタで導通を確認します．

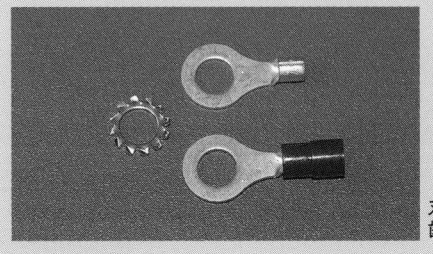

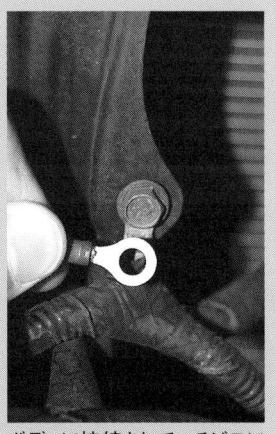

丸端子と外歯ワッシャ

ボディに接続されているビスに共締めする

第3章 無線機とアンテナの取り付け

カプラをカットするのが得策です．

　作業の難易度はとても高いのですが，これを乗り超えれば安全かつ確実な運用環境が実現できます．

　ただ，決して無理な施工はせず，ちょっとでも不安があったり，不明点があればディーラやカー・オーディオなど，電装品の取り付けが得意なお店に相談して電源の引き込のみ施工してもらいましょう．特に新車を購入する際に無線機の電源ケーブルを渡してバッテリへの接続をお願いすると，納車時に施工済みの状態で渡してくれる場合もあります（有料）．

● 車室内での配線ルート

　シート下やトランクにリグ本体を設置した場合，車室内の配線はドアを開けた足元のカバーをはずした中などを引き通し，リグの近くまで誘導します（**写真3-33**）．これらのパーツはほとんどの場合，すき間にマイナス・ドライバを差し込めば取りはずしが可能です．金属に接する部分にはコルゲート・チューブやビニル・テープなどで保護（絶縁）を行い，タイラップなどで固定します．こ

コラム3-9 キーポジションに連動してリグのON/OFFを行う

　車の電源がONになったときに出力される電圧（通常はヒューズ・ボックスから取り出す）でリレー（**写真3-M**）を動作させ，エンジン・キーと連動したリグのON/OFFが可能（**図3-C**）．

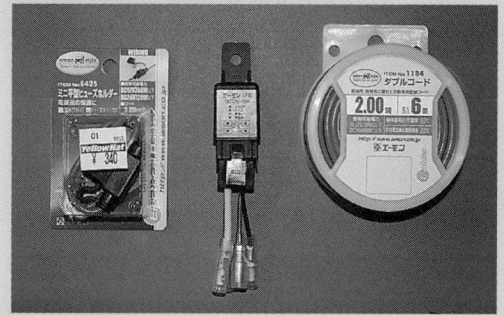

写真3-M　カー用品で購入したおもなパーツ
左から「平型ヒューズホルダー（E425）」，リレー（1245），自動車用配線コード（1184）いずれもエーモン工業製

図3-C　キー操作に連動する電源回路
最大電流20Aを想定した回路．スイッチをONにするとキーポジションに関係なく電源が入る（その必要がない場合は，スイッチを省略可）．色はエーモン工業のリレー（1245）を使う場合のリード線の配色．ヒューズBOXへの配線は写真3-24の「ヒューズ電源」を使いシガーライターのヒューズと差し替える

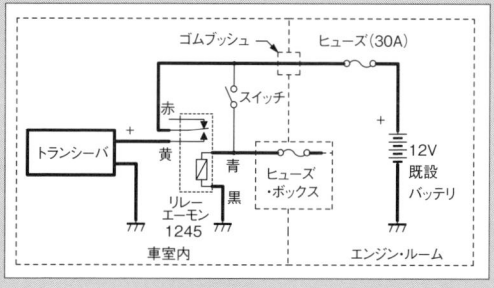

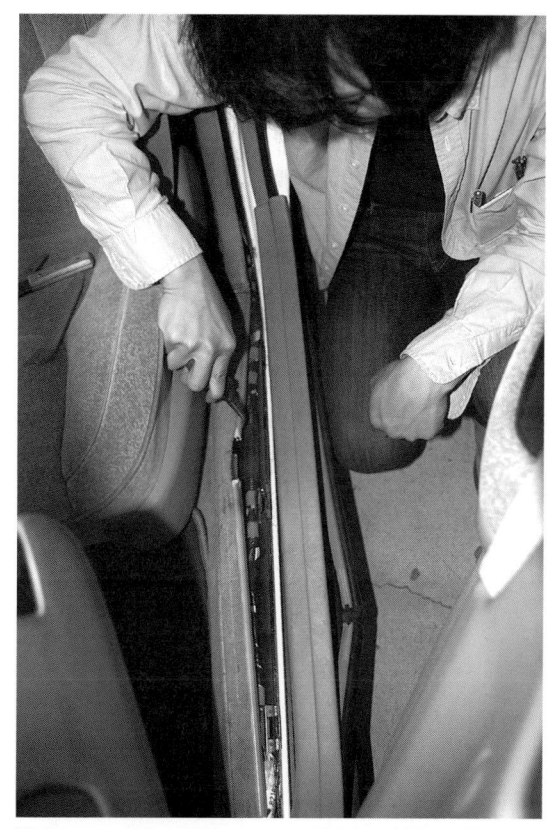

写真3-33　室内の配線はマットの下やドアを開けた足元のカバーを外して通す

モービル・ハム入門 | 79

アンテナも格好よく取り付けよう

れを怠るとクルマが振動するたびにビビリ音と言われる異音が発生してしまう場合があります．

シートの下にリグ本体を設置するとバッテリにつないだ電源ケーブルは，隔壁のゴムブッシュの部分から室内へ，さらにカーペットの際を通りリグへと至りますが，リグ本体をセダン車のトランク内に設置したい場合には，後部座席部分の隔壁も通過しなければなりません．この隔壁はリアシートをいったん取り外すか「配線ガイド」（**写真3-31**）を活用すれば通過は容易です．

トランクと室内の隔壁には，電源ケーブルとコントロール・ケーブル，外部スピーカ・ケーブルを通します．電源ケーブルについては，無線機に付属しているものでは長さが足らなくなり，延長が必要になる場合があります．

アンテナの取り付け

■ アンテナ基台の取り付け

セダン車の場合はトランク，バンの場合はリアゲートに取り付けるのが一般的ですが，そのためにさまざまな形状・サイズのアンテナ基台が製品化されています（**図3-6**，**図3-7**）．

ミニバンのリアゲートなどに取り付る場合は基台を取り付けられるスペースが極めて狭く，取り付けが不可能な場合もあります．その場合はルーフ・キャリアに取り付けたり，マグネット基台や両面テープで貼り付けるタイプの基台を使うなどの解決策があります．

電波を良く飛ばすためには，できる限りアンテナが屋根の上に出るように取り付け，ボディ・アースが取れる場所を選ぶことです．ボディ・アースが取れない場合はノンラジアル・タイプのモービル・ホイップを利用します．

リアゲートやトランクを開けたときに，アンテナがボディとぶつからないように注意しながら，車体の右側のほうに，地面に対して垂直に付けるようにします．というのも，車体の左側に付けると住宅街の中にある狭い道路を走行しているとき，道路にはみ出している木の枝に接触しないように余計な気を使う必要が出てきます．

■ 同軸ケーブルの引き込み

同軸ケーブルの引き込みは，配線止め金具（両

第3章　無線機とアンテナの取り付け

図3-6　アンテナ基台の名称と一般的な取り付け場所(セダンの場合)

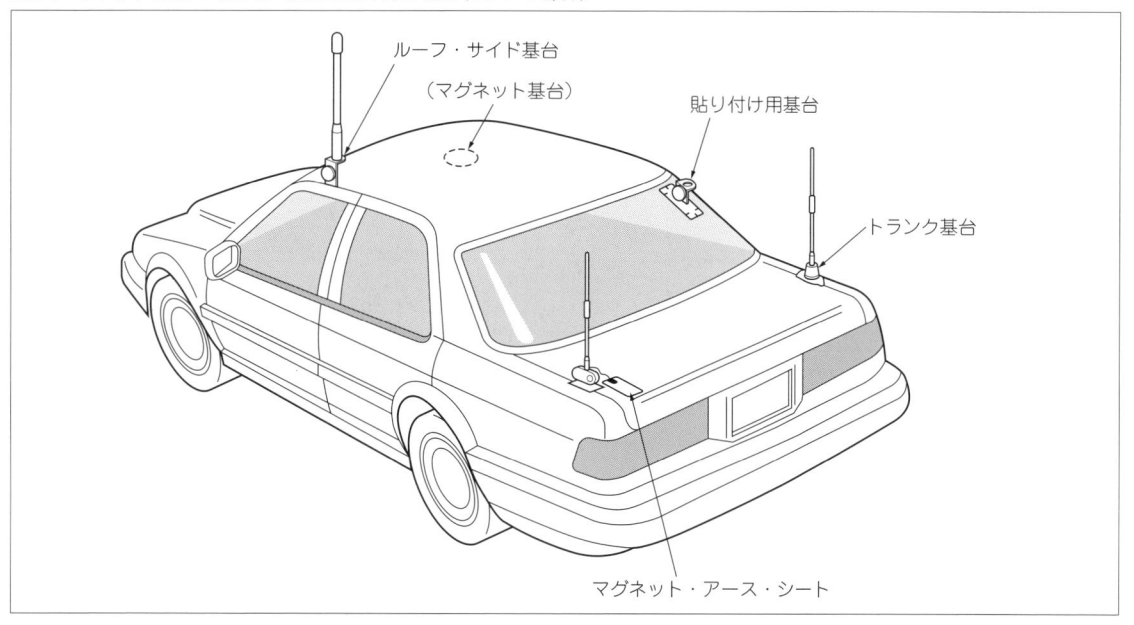

- ルーフ・サイド基台
- （マグネット基台）
- 貼り付け用基台
- トランク基台
- マグネット・アース・シート

図3-7　アンテナ基台の名称と一般的な取り付け場所(バンの場合)

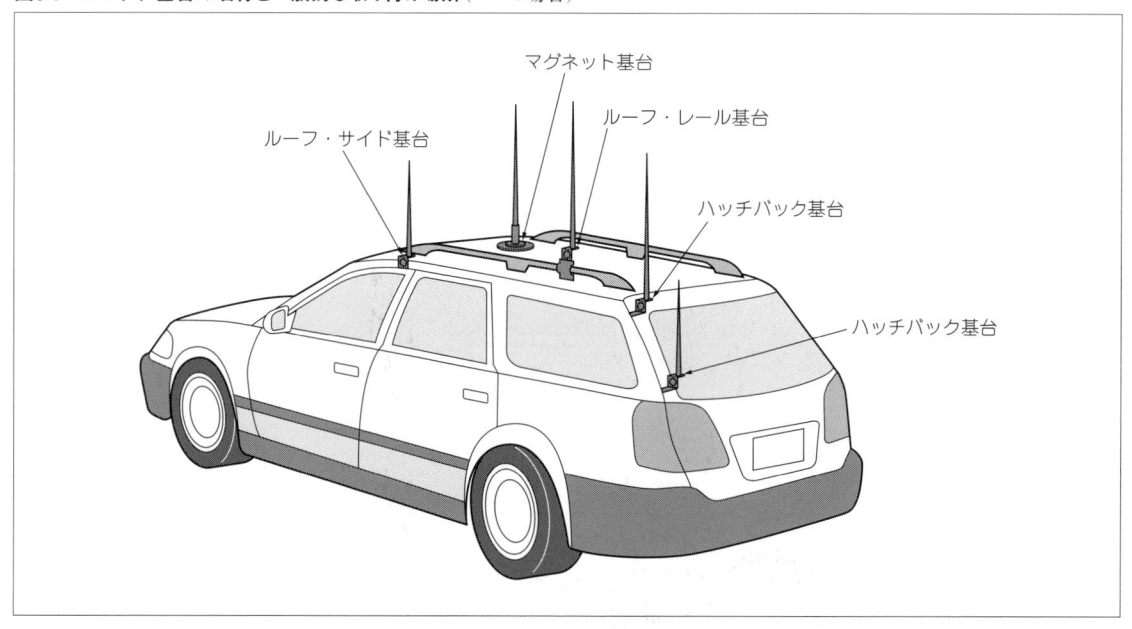

- マグネット基台
- ルーフ・レール基台
- ルーフ・サイド基台
- ハッチバック基台
- ハッチバック基台

面テープで付けるタイプ)を活用し，ゴムパッキンの部分でケーブルをUターンさせて引き込むとよいでしょう(**コラム3-10の⑧参照**)．そうすることで雨水の浸入を防ぐことができます．

　トランク基台を利用して取り付けた場合は同軸ケーブルに取り付けたゴム板が車側のパッキンに

モービル・ハム入門 | 81

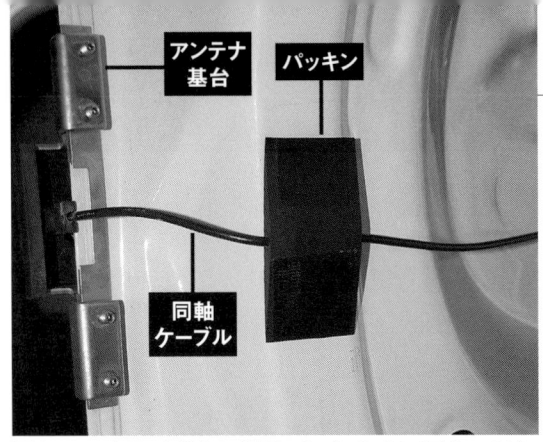

写真3-34 トランク基台に付属していたパッキン（四角いゴム）のようす．トランクのフタ側に付いている

写真3-35 トランクのフタをしめたときに，ボディ側のパッキンと位置があうように，写真3-34のパッキンの位置を調整する

コラム3-10　写真で見るアンテナ取り付け手順

ミニバンのリアゲートに取り付ける例を紹介します．ほかの取り付け位置でも基台の形状と同軸ケーブルの引き込みルートが少々異なるのみで大きな差はありません．

① 取り付けたい場所の寸法を測り，その寸法以内の幅をもつアンテナ基台を用意する．この写真の場合3cm以内の幅なら取り付け可能

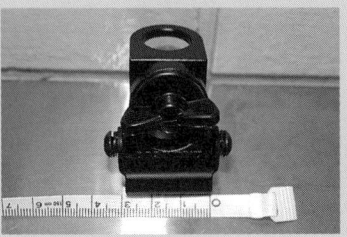

② 取り付け部分の幅が3cmのアンテナ基台を用意した

③ 同軸ケーブル・セット(5m)，ケーブルを固定するための配線止め金具類を用意．同軸ケーブルは細い同軸ケーブルが2mと太い同軸ケーブルが3m付いた製品を選択

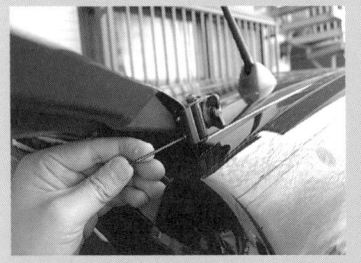

④ アンテナ基台に付属している六角レンチで軽く締め付けてアンテナ基台を仮止め

⑤ ケーブルを仮止めしてリアゲートの開閉に違和感がないか確認

⑥ アンテナを取り付けてみて，リアゲートの開け閉めによりボディと干渉しないか確認

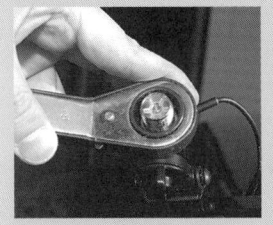

⑦ 確認・角度調整が終わったら各ビスを本締めする．写真はアンテナ・コネクタのナットをメガネ・レンチ(19番)で締めているようす

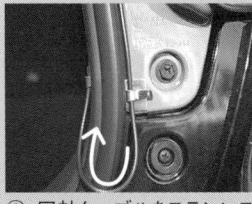

⑧ 同軸ケーブルをステンレス配線止め金具で止めていき，リアゲート開口部の下の方でU字を描くような格好でパッキンの部分を渡すことで雨水の侵入を防止できる

⑨ 同軸ケーブルがじゃまにならないように車内の壁面に配線止め金具で止めていき，トランシーバの近くまでケーブルを配線していく

⑩ 取り付け完了！この後，必要に応じてボディ・アースの処理を行う（**コラム3-11**参照）

第3章　無線機とアンテナの取り付け

あたるようにします(**写真3-34**, **写真3-35**).

　ケーブルはリグまで届く長さを選び，途中で延長するようなことは避けましょう．というのも，430MHz以上の周波数ではM型コネクタのインピーダンス特性は理想とは言いがたいものがあるので，M型コネクタを多用するとSWR特性が悪化する場合があります．

■ アンテナ・チューナの取り付け

　HF～50MHzで運用する場合，アンテナ・チューナを用意するとオン・エアできる周波数の範囲を広げることができます．チューナはSWRメータとともに**図3-8**のように接続します．SWRメータと同じ機能が付いているリグや，SWRメータ付きのチューナもあるので，そのような場合はSWRメータを別途用意する必要はありません．

マイクとスピーカの取り付け

■ モービル用マイクを使おう

　走行中のハンドマイクによる無線運用は片手運

図3-8　チューナとの組み合わせ

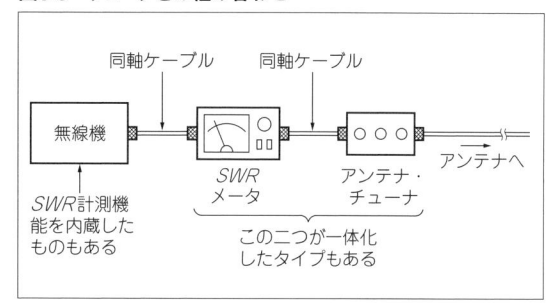

転にならざるを得ないので，お勧めできません．運転中にオペレートするならば，ハンドマイクの代わりにモービル用マイクを利用すると便利です．モービル用マイクには複数のタイプが売られていますが，フレキシブル・マイクでPTTスイッチをシフト・レバーに取り付けるタイプがメジャーです(**写真3-36**, **写真3-37**).

■ スピーカについて

　意外と忘れがちなのが外部スピーカです．スピーカは基本的にリグ本体に付いていますから，リグ本体をトランクに設置した場合は外部スピーカ

コラム3-11　アンテナ給電部のアース対策(ボディ・アースの施工)

　アンテナ基台のコネクタの根元とボディを電線でつなぐことにより，ラジアルが必要なアンテナも利用可能になります．

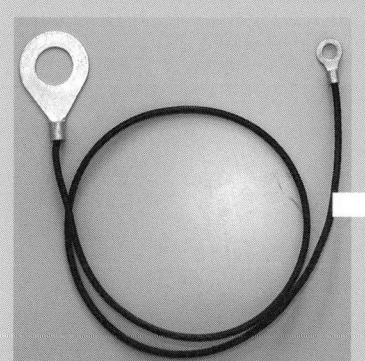

圧着端子(大)8-16と(小)3.5-6を任意の長さの電線(できる限り短く)の両端に圧着(はんだ付けでもOK)

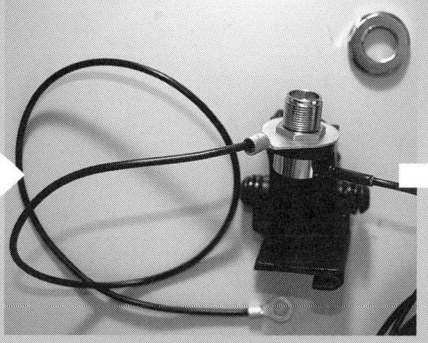

製作した電線を基台に取り付けたコネクタを止めるナットと共に締めて，もう一方の圧着端子はボディに打たれている任意のビスに共締めする

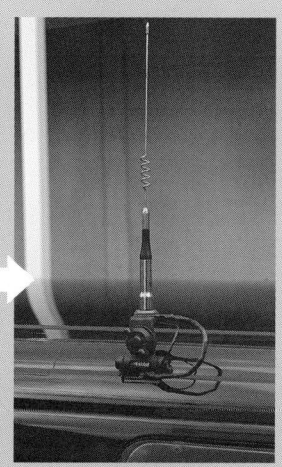

ボディ・アース対応を行ったアンテナと基台のようす

モービル・ハム入門 | 83

コラム3-12　ハイブリッド車などのノイズ対策

　HFで運用する場合，ハイブリッド車の走行システムやイグニッション系の電子回路から発するノイズが気になります．完全な解決には至りませんが，軽減するためには，アースの強化(**写真3-O**)とノイズの発生源からアンテナをできる限り離す(**写真3-N**)，無線機につながるケーブル類すべてにパッチン・コアを入れる(**写真3-P～写真3-R**)，という対策が採られています．

写真3-N　トヨタ・プリウスのアンテナ取り付け場所(例)

写真3-O　アース強化の例
ボンネットやトランクなどの可動パーツを太い電線でボディとつなぐことでアースが強化される．ボンディング・アースとも言われる

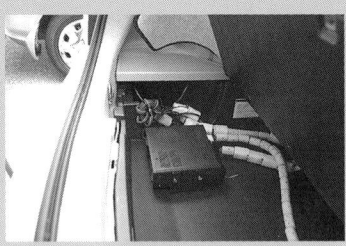

写真3-P　トヨタ・プリウスに設置した無線機のノイズ対策例
無線機から出ているケーブルのすべてに複数のパッチンコアが付いている

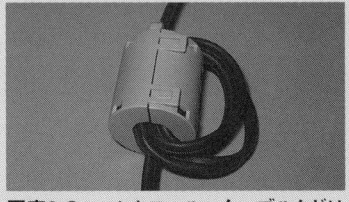

写真3-Q　コントロール・ケーブルなどはパッチン・コアに数回巻くと効果的

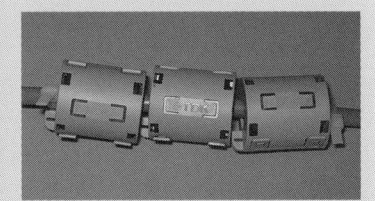

写真3-R　同軸ケーブルに付けたパッチン・コア

図3-D　パッチン・コアの装着か所(例)

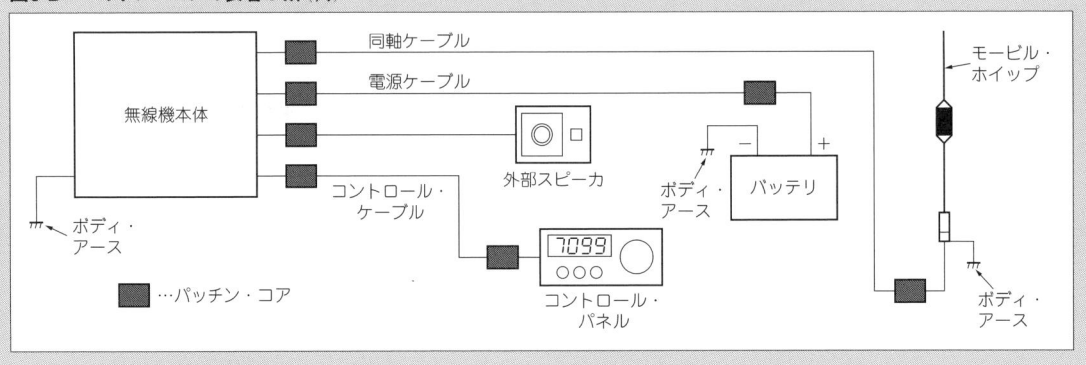

を室内に設置する必要があります．リグ本体をシート下に設置した場合はちゃんと聞こえますが，さすがに助手席のシートの下から音が出るのはいただけません．外部スピーカの利用をお勧めします(**写真3-38**)．

■ **ハンドマイクを使う場合**

　無線はもっぱらクルマを停めた状態で行うという方でしたらモービル機付属のハンドマイクの利用もよいでしょう．忘れがちなのが，ハンドマイクを固定するブラケットの取り付けです．車の揺

第3章　無線機とアンテナの取り付け

写真3-36　アドニス電機のモービル・マイクロホン FX-6
片手運転を避けることができるモービル・マイクロホン．サンバイザを止めているビスに共締めする

写真3-37　モービル・マイクロホンに付属のPTTスイッチ・ユニット
PTTスイッチの取り付けに苦労しそうな場合は，同社の別製品，赤外線リモートでPTTの制御ができるタイプで解決できる

れでマイクが揺れて内装と触れることがない場所を選びます（内装に擦り傷が付きます）．なお，マイクを固定せず適当に車内に転がしておくと，不意にどこかに挟まってPTTスイッチが押されてしまい，車内の音声を「実況中継」してしまうことがあるので注意が必要です．

取り付け後の確認と調整

新品の同軸ケーブルとノンラジアル・モービル・ホイップを利用しているようであればセットアップ時によほどのミスがない限り，問題がないと思いますが，セットアップが終了したら，SWRメータを用意してSWRを測定してみましょう．

測定は**図3-8**のチューナを取り外したパターンでつなぎ，実際に送信してSWRメータの値を読みます．SWRメータは直読タイプと測定前にCALキーで設定が必要なタイプがあるので，測定方法はSWRメータの取扱説明書を見て事前にマスターしておきます（お手持ちのSWRメータで測定可能なバンドであるかも要チェック）．

この測定はHF～50MHzで運用する場合は必須です．よく使う周波数でSWRが1.5以内（HFは2.0以下）であれば問題ありません．

HFのモービル・ホイップの中にはアンテナの長さを調整して希望の周波数でSWRを1.5以内に調整して使えるタイプもあります．もしどうしてもSWRが1.5以内に収まらない場合は，アンテナの取り付け位置や基台に取り付けているアース線が確実に車のボディと導通があるかどうか，テスタでチェックします．

ハッチバック基台を使ってリアゲートの中ほどにアンテナを設置した場合は，ボディの影響を受けてしまい，アンテナのSWRが下がらないことがあります．

（JQ1KWX　倉田 和弥）

写真3-38　外部スピーカを取り付けた例

モービル・ハム入門　85

3-3 バイクへのセットアップ

バイク用無線機がある！

　バイクに取り付ける無線機は，できれば防水仕様のものを選びたいところです．バイクはクルマと違って屋根がないので，防水仕様なら，突然の雨で無線機にビニル袋をかぶせたりカバンの中にあわててしまいこむ必要がないからです．

　このことを考慮してお勧めしたい無線機はバイク専用に開発された八重洲無線のFTM-10Sでしょう（**写真3-39**，**写真3-40**）．バイクの過酷な環境にも耐えるように設計されています．FTM-10Sはセパレート・タイプで操作パネル（**写真3-39**）と無線機本体（**写真3-40**）のすべてが防水防塵仕様です．フロント・パネルを取り付けるブラケットも充実していて，ほとんどのバイクに取り付けることが可能です．無線機本体はシートの下やフェンダーなどに簡単に取り付けられるように，通常のモービル機よりも薄く設計されています（**写真3-41**，**写真3-42**）．またパネル・ブラケットだけでなくアンテナ，基台，同軸ケーブルまでをワン・パッケージにしたFTM-10SJMK（**写真3-43**）も発売されています．入門される方にはこちらもお勧めできます．

　この無線機はバイク専用として開発されただけに，かゆい所に手が届く，ライダーが納得するほどの出来栄えで，この無線機が発売されてからというもの，バイクでアマチュア無線を楽しむ人が明らかに増えています．

写真3-39　バイクに取り付けたFTM-10Sの操作パネル
オプションのMMB-M11（ブラケット）を利用してハンドル・バーに取り付けたようす

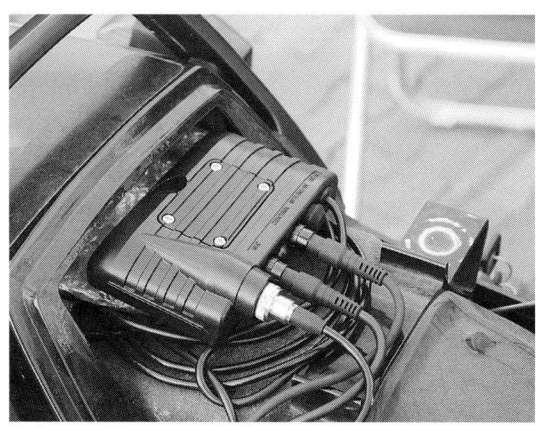

写真3-40　FTM-10Sの無線機本体取り付け例 その1
シート下のスペースに両面テープで取り付けた無線機本体

各アイテムの選択と取り付け例

　バイク・モービルを楽しむために，無線機以外で最低限用意しなければならないものは次のとおりです．

① ヘルメットに取り付けるスピーカ・マイク
② PTTスイッチ
③ アンテナ，アンテナ基台，同軸ケーブル

■ ヘルメット用スピーカ・マイクを用意する

　まず，ヘルメットに取り付ける「スピーカ」「マ

第3章　無線機とアンテナの取り付け

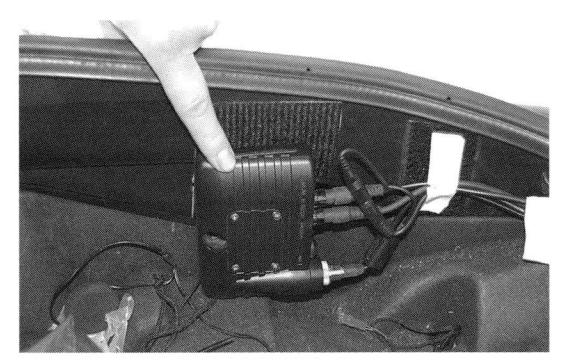

写真3-41　FTM-10Sの無線機本体　その2
シート下のヘルメット収納部にマジック・テープで取り付けた無線機本体．薄型なのでこの状態でヘルメットが収納できる

イク」や「PTTスイッチ」は，警察車両（白バイ）やレーサーが使用しているKTEL（ケテル）の製品が有名です．国産でプロ仕様だけに予算を高めに設定する必要がありますが，品質は抜群で，FTM-10Sとも相性が良く，トラブルが少ないという特徴があります．

　KTEL以外ですと，ADONIS（アドニス電機）や三協特殊無線の製品が筆者のバイク仲間の間では人気です．最近ではマイクと無線機の間のケーブルがいらないBluetooth（ブルートゥース）ヘッドセットが流行していて，KTEL以外にも「B＋COM」や「SENA」が注目されています（**写真3-44**）．

　次にバイク用Bluetoothヘッドセットを扱う各社のURLを紹介しておきましょう．
KETL：**http://www.ktel.co.jp/top/top.html**
B＋COM：**http://www.bolt.co.jp/bike-intercom/bcom_bluetooth-intercom_top.asp**
SENA：**http://senabluetooth.jp/**

■ **PTTスイッチを用意する**

　ヘルメット用マイク・セットに付属していればそれを利用します．筆者はハンドル・グリップに巻きつけるタイプを利用していて，プッシュ・スイッチ型です（**写真3-45**）．既存のビスに共締めす

写真3-42　FTM-10Sの無線機本体　その3
無線機本体も防水仕様なのでこのような取り付けも可能

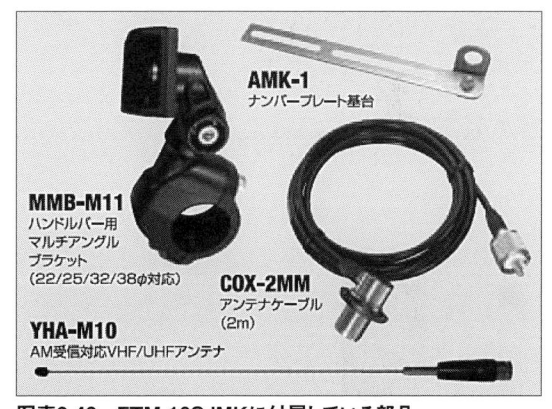

写真3-43　FTM-10SJMKに付属している部品
このセットには ブラケット（MMB-M11），アンテナ基台，同軸ケーブルとアンテナが含まれている

るトグル・スイッチ・タイプ（**写真3-46**）などさまざまな製品があるので，お好みの製品を選びましょう．

■ **アンテナ基台**

　アンテナはナンバー・プレートの取り付け部分

モービル・ハム入門　87

写真3-44 SENAのBluetoothヘッドセット（SMH10）を取り付けたヘルメット．無線機に対応するミクサ（SR10）と組み合わせて使うことで，カーナビや携帯電話との共用も可能

写真3-45　プッシュ・スイッチ型のPTT
ハンドル・グリップにマジック・テープで巻きつけて固定している

写真3-46　トグル・スイッチ型のPTT
既存のビスに共締めするタイプ

に，ナンバー・プレート取り付けビスと共締めするタイプの基台で取り付けるのが一般的です（**写真3-47**）．ところが，リア・ボックスやサイド・ボックスを取り付けている場合，アンテナがそれらに接触してしまう場合があります．

このようなときは，ナンバー・プレート基台とホームセンターなどで入手できるステー・アングルを組むなどして対応します．

■ **アンテナ本体**

長いアンテナほど交信範囲が広がるように思えますが，バイクは振動が多いうえにカーブなどで車体を傾けるため，長いアンテナはかえって不利です．また，電波伝搬の現象の一つである，マルチ・パス（複数の反射波や直接波を同時に受信して受信音が歪む現象）を受けやすい，バイクによっては乗り降りするときの邪魔になるケースもあるので，長さ1m以内のアンテナに抑えておくのがよいでしょう．バイク用のモービル・ホイップがお勧めです．特に2サイクル・エンジンのバイクの場合，その振動によりアンテナのエレメントが金属疲労などで折れやすいと言われています（**写真3-48**）．バイク用のモービル・ホイップの中には無線機のAM/FMラジオ対応にあわせて，これらのラジオ放送が受信しやすいような特性を備えたアンテナもあります（**写真3-49**）．

バイクに無線機を取り付けてみよう

次のアイテムを取り付けていきます．順番は多少前後しても大丈夫です．**写真3-50**に各アイテムの取り付け場所を示します．

① **FTM-10S本体**

② **電源ケーブル**

③ **FTM-10Sのフロント・パネル**

④ **ヘッドセット接続ケーブル**

第3章　無線機とアンテナの取り付け

写真3-47　バイク用アンテナ基台
ナンバー・プレートのビスに共締めして固定するタイプの基台がメジャー．FTM-10SJMKにはこのタイプの基台が付属している

写真3-48　折れてしまったアンテナ
バイクの環境は想像以上に過酷

写真3-49　コメットのSS710SB/AFM
AM/FMラジオに対応した144/430MHzモービル・ホイップ（全長約71cm）．コイルの部分より上がフレキシブル・タイプのエレメントになっている

⑤　PTTスイッチ

⑥　アンテナ（基台とケーブル含む）

⑦　スピーカ/マイク

■ FTM-10Sの取り付け

① 本体の取り付け

　FTM-10Sの本体はバイク用のETC車載機とほぼ同じ大きさでスリムな形をしており，シート下の小物入れやリヤカウルの中に取り付けることができます（p.91，**写真3-51**，**写真3-52**）．

　私が取り付けた場所はリヤカウルの中で，ETC車載機と重ねてマジック・テープで取り付けました．

　リヤカウルを取りはずす場合は専用工具が必要になる場合があるので，はずす場合はバイク屋さんに相談するのがよいでしょう．

② 電源の接続

　本体につながる電源ケーブルをバッテリへ接続します（p.92，**写真3-53**）．赤い電線はプラス端子に，黒い電線をマイナス端子（またはフレームなどの金属部分につなぎます）．電源の取り出し方法には，バッテリに直結するか，イグニッション・スイッチに連動するかの二通りの方法があります．

　バッテリに直結すると，FTM-10Sの電源が

モービル・ハム入門 | 89

コラム3-13　FTM-10Sのお気に入りはここ！

① バイク専用の筐体
狭いところでも確実におさまるスリムな筐体，本体に取り付け用のビス穴も用意されていて，しっかりと取り付けができます．
放熱効果の良いダイキャスト一体型，ハイパワーで送信していても熱ダレを起こすことがありません．

② バイクの電源を考慮した無駄のないRF出力
消費電力を2Aに抑えながらも最高出力10W（144MHz帯）！バッテリの負担にも優しい設計です．

③ 防水・防塵仕様
操作パネル，本体とも水深1mに30分間没しても正常な動作が可能な，IP57規格の防水構造．オフロード・バイクでダートを走行したり，ツーリング中の不意な雨でも大丈夫です．長時間に渡る雨のツーリングでも壊れることはないでしょう！

④ グローブをしたまま操作できる
フロント・パネルは小さくても，大きなスイッチとダイヤルつまみで操作がしやすい親切設計です．左手でディスプレイの日差しを抑え，指先でダイヤルを回して簡単にQSYができます！

⑤ Bluetoothによるハンズフリー運用が可能
KETL，B+COM，SENAなどのBluetoothヘッドセットとBluetoothユニットBU-2（オプション）との組み合わせによりハンズフリー運用が可能．
無線機とヘッドセットをむすぶケーブルから解放され，乗降車もスムーズになります．
また，Bluetoothユニットを二つ取り付けてタンデム（2人乗り）で便利なインターコムにも対応します．

⑥ 音楽を聴きながら待ち受けが可能
AM/FM放送またはiPodで音楽を聴きながらアマチュア無線の待ち受け受信ができるAF DUAL機能がたいへん便利！また，ナビを接続しているときは，ナビの案内を聴きながらアマチュア無線の待ち受け受信も可能．

FM放送を受信中のFTM-10S
ラジオ放送やLINE入力に対応しているのもうれしい

クルマなみの快適装備
ナビなどもバイク用のものがある現在．無線機もバイク用を

OFFの状態でも待機電流が約3～5mA流れるため，そのままにしておくとバッテリがアガります．長期間使用しない場合は電源ケーブルを外せるように工夫するか，イグニッション・キー（スイッチ）に連動する方法をお勧めします．イグニッション・スイッチに連動させる場合は，エーモンのコンパクト・リレー（ITEM No.1586）を利用するとよいでしょう（**写真3-54**）．このリレーは接点の耐圧が余裕の10Aなので，FTM-10S以外の電装品を接続することも可能です．私の場合はナビゲーションやハンディ機の電源ケーブルを接続しました．配線方法は**図3-9**を参照してください．これらの配線作業は取扱説明書にも記載されていない方法なので，自信がない場合は，バイクに詳しい無線機屋さんやバイク屋さんに相談するのもよいでしょう（バイク屋さんの中には配線からFTM-10Sの取り付け作業まで行ってくれるお店もある）．

第3章　無線機とアンテナの取り付け

写真3-50　各アイテムの取り付け場所（例）

写真3-51　FTM-10Sの無線機本体　その1
リアカウルの中の部分に設置した．手前にあるのはETCユニットで奥のケーブルがつながっているユニットがFTM-10Sの本体

写真3-52　FTM-10Sの無線機本体　その2
リアカウルを取り外した状態で本体を見たところ

③ フロント・パネルの取り付け

フロント・パネルを取り付けるにはオプションのハンドル・バー用マルチアングル・ブラケット，ハンガー取り付けアタッチメントMMB-M11が便利です（**図3-10**，**写真3-55**）．小口径用と大口径用のアタッチメントが付属しているので，ほとんどのハンドルに取り付けることができます．

④ ケーブル類の接続と取り回し

フロント・パネルとFTM-10Sの本体をつなぐケーブル，ヘッドセット用のケーブル，外部機器

モービル・ハム入門　| 91

写真3-53　バイクのバッテリ

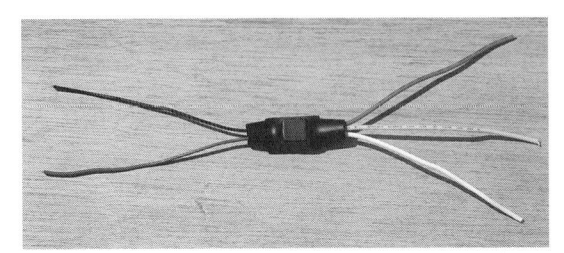

写真3-54　エーモンのコンパクト・リレー（ITEM No.1586）

図3-9　リレーを利用する場合の回路図（接続図）

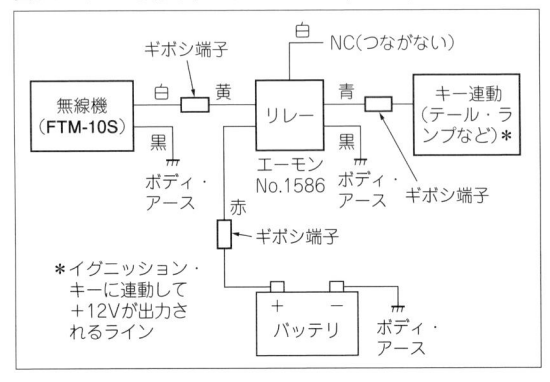

図3-10　操作パネルの取り付け方法（参考）

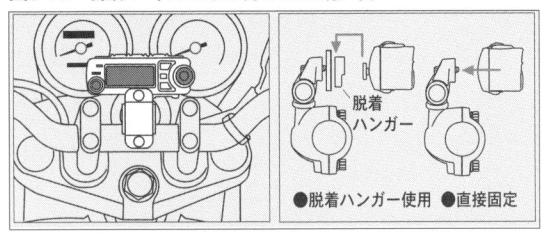

写真3-55　MMB-M11を取り付けたようす
まずはMMB-M11を取り付けて，その後に操作パネルを取り付ける

の接続ケーブルをFTM-10Sの背面に接続して配線します．シートなどを外して既存の配線やフレームに沿わせるようにビニル・テープやタイラップ（結束バンド）を活用してケーブルを固定するとよいでしょう（**写真3-56**，**写真3-57**）．それ以外の部分に無理に通すと，いったん外したシートを取り付ける際にケーブルを噛んでしまうことがあるので要注意です．

⑤ PTTスイッチの取り付け

ハンドルから手を離さずにPTTスイッチを押せるような場所に取り付けます（**写真3-58**）．

筆者はPTTスイッチにKTELのKT030を使用しています．

⑥ アンテナの取り付け

筆者が使用しているアンテナは第一電波工業の"AZ805M"で．たまたま持っていた，ほどよい長さのアンテナだったので使っていますが，新たに用意する場合には，バイク用のアンテナが各社から販売されているので，その中から選択することをお勧めします．

アンテナを取り付ける基台はナンバー・プレート用基台をそのまま利用しました（**写真3-59**）．

⑦ ヘルメットにスピーカとマイクを取り付ける

第3章　無線機とアンテナの取り付け

写真3-56　ケーブルの取り回し
既存の配線やフレームに沿わせるようにビニル・テープやタイラップで固定していく

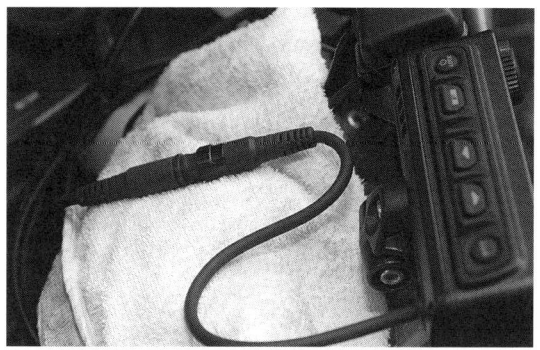

写真3-57　操作パネルにケーブルを接続
操作パネルと無線機本体のケーブルはコネクタを通じて接続されるので，操作パネルのみの脱着も容易

写真3-58　PTTスイッチの取り付け
PTTスイッチはマジック・テープでハンドルに巻きつけて固定するタイプにした．ケーブル類は既存配線にタイラップで固定

写真3-59　アンテナの取り付け
アンテナはナンバー取り付け基台を利用．ナンバー・プレートと共締めして固定する

　筆者が使用しているマイクとスピーカはKTELのマイク・スピーカセット"KT132"です．その取り付け方法を紹介しましょう．

● **マイクの取り付け**

　マイクはヘルメットの種類によってちがいます．私のヘルメットはジェット・タイプなのでアーム型のマイクロホンを使っています．取り付けも簡単で取付機構部分をヘルメットに差し込みマジック・テープで貼り付けるだけです（**写真3-60**）．
　フルフェイス・タイプの場合は，マイク・スピーカ・セットKT138を使用します．このタイプには付属のマイク穴あけ器具が付属されており，ヘルメット内張りの口元部分に穴を開け，マイクを差し込むだけです．どちらのタイプも簡単に取り付けることができます．走行中の風切り音，エンジン音，排気音の騒音はほとんど拾うことなく快適な交信を行うことができるでしょう．

● **スピーカの取り付け**（**写真3-61**）

　スピーカはジェット・タイプとフルフェイス・タイプどちらも取り付け方法は同じです．ヘルメット内側の耳元にマジック・テープで貼り付け，スピーカのケーブルは内張りに押し込みます．ヘルメットをかぶれば，走行中でもはっきりと音声を聞き取ることができます．
　取り付けたら必要に応じてケーブルの処理をおこなえば取り付け完了です（**写真3-62**，**写真3-63**）．

モービル・ハム入門 | 93

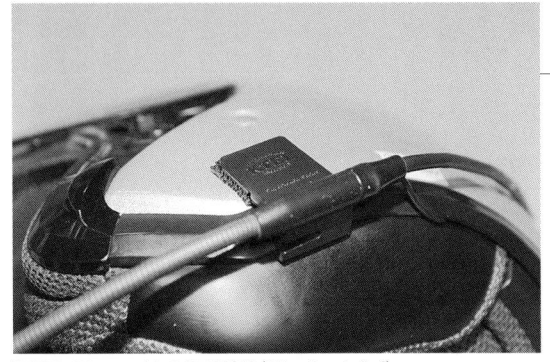

写真3-60　マイクの取り付け（ジェット・タイプ）
マイクはヘルメットにアーム型マイクを取り付けた．ヘルメットの形状にあったマイクを選ぶ

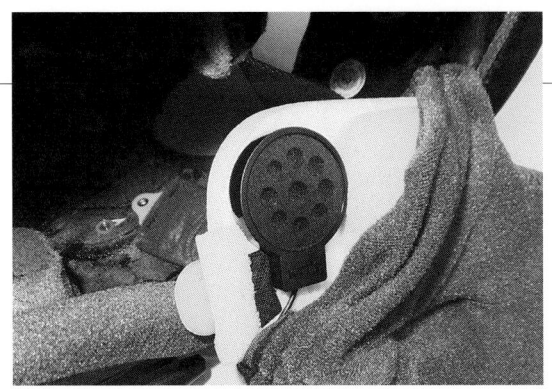

写真3-61　スピーカの取り付け
ヘルメットの内側の耳元にマジック・テープで貼り付ける

コラム3-14　簡単にセッティングできるハンディ機

　バイク用無線機，FTM-10Sが発売される前，ライダーの間で最も人気だったのが八重洲無線のVX-7というハンディ機です．バイク・モービルといえばコレというほどよく見かけたものです．高速道路のパーキング・エリアなどで休憩中に声をかけられ，自作のブラケットを見せ合って話が盛り上がったこともありました．現在でも使っているライダーは多いことでしょう（**写真3-S**）．

　このVX-7は144/430MHz帯 デュアルバンドで最大5Wの送信出力，IPX7相当の防水仕様でした．残念ながらこの無線機は製造中止機種で在庫品があれば格安で入手できますが，もはやほとんど入手難という状態です．現在では，後続機種として八重洲無線FT1Dが売られています（**写真3-T**）．この機種も防水仕様ですが控えめのIPX5相当です．多少の雨でも十分耐えるため実用上問題はないでしょう．

　筆者が現在使用しているハンディ機はFT1Dです．ハンディ機を一台持っていれば普段の持ち歩きからバイクや自転車モービルなど多彩な使い方ができます．

　このFT1Dは，通常のFMモードのほか，デジタル音声通信にも対応していて，プロ用の無線機でも採用されている4値FSK（C4FM）FDMAという方式を使っているほか，音声データ・エラーコレクションという機能が付いているため，信号強度の変化に強く，モービル運用にもお勧めできるデジタル方式と言えます．

　ところで，デジタルのメリットのひとつにデータ通信，すなわち位置情報の通信があります．FT1Dの場合，GPSを内蔵していて音声のほかに位置情報データも送信できるので，交信相手との位置関係が一目瞭然です．ツーリングなどで大勢で交信するときは，グループ・モードという機能を使えば，ほかの局との距離がGPSデータの自動送信で定期的に更新されながらリストされます．ツーリング時にピッタリな機能です．

　またハンディ機のメリットとして，付属の充電池パックを使用すれば，面倒な外部電源の配線は不要です．取り付けも自作のブラケットはもちろんのこと市販の携帯電話用ホルダが多数販売されているので簡単に取り付けられるでしょう．もちろん腰のベルトにも取り付けられます．

　ハンディ機なら簡単に脱着ができるので，スクータによるプチ・ツーリングや通勤通学時でも簡単にモービル運用ができそうです（**写真3-U**）．

写真3-S　八重洲無線 50/144/430MHzトランシーバ VX-7

写真3-T　八重洲無線 144/430 FM/C4FMデジタル対応トランシーバ FT1D

写真3-U　FT1Dを自作ブラケットでスクータに取り付けた例

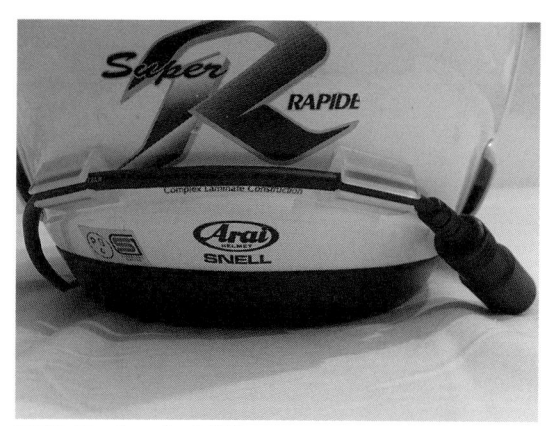

第3章　無線機とアンテナの取り付け

写真3-62　ケーブルの処理
バイクに乗り降りするときに簡単に脱着できるようにケーブル類を処理しておく

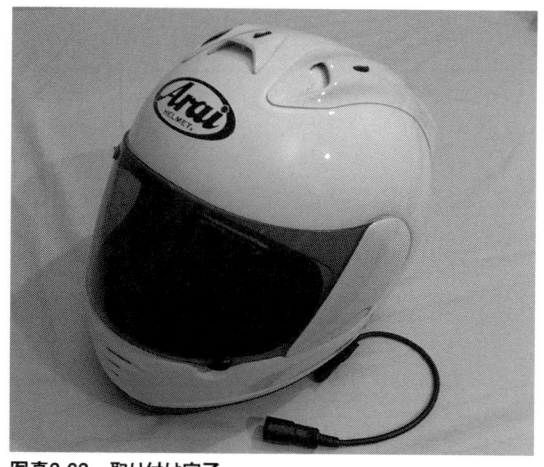

写真3-63　取り付け完了

モービル・ハム入門 | 95

3-4 自転車へのセットアップ

　通勤，通学，レジャーに身近な乗り物として人気の自転車．サイクリングも楽しいと思います．自転車で移動するときにも気軽に無線を楽しんでみる，というのはいかがでしょうか(**写真3-64**)．

　動力がないので走行にともなう発電といえばライトを付けるためのものなので，無線機の電源環境になり得るものは自転車には付いていませんから，ハンディ機による運用が現実的です．そのような点を考慮しながら必要なアイテムとセットアップを検討してみます．

無線機を用意する

　自転車に取り付ける無線機には，急な天候の変化に対応できる防水仕様は外せません．そして，軽量でコンパクトであり，バッテリの持続時間が長いハンディ機を用意するとよいと思います．

　防水仕様のハンディ機は，小型でシンプルなものから多機能なものまで豊富なラインナップがあります．中でも各社自慢の代表的な機種を**写真3-65**～**写真3-68**までに示します．ぜひ最寄のハムショップでここに掲載しきれなかった機種とあわせてご覧いただくことをお勧めします．

■ 無線機の取り付けと外部マイクの勧め

　無線機は腰に付けたり，ナップザックに入れ

写真3-64　自転車で無線を楽しもう！

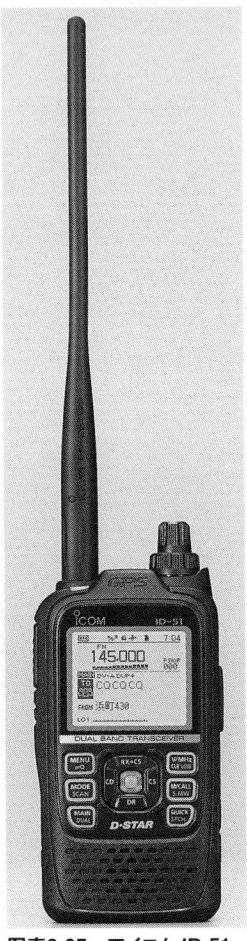

写真3-65　アイコム ID-51
D-STAR方式のデジタルモードとFMに対応した144/430MHzトランシーバ．AM/FMラジオ受信対応

写真3-66　アルインコDJ-G7
144/430/1200MHzに対応した3バンドFMハンディ機．AM/FMラジオをカバーする広帯域受信機能付き

96　モービル・ハム入門

第3章　無線機とアンテナの取り付け

る，ハンドルに付けるなどの設置方法が考えられます．マイクはオプションのハンドマイク（走行中のオペレートは片手運転になるので避ける），ヘッドセット，イヤホン・マイクなどの検討をお勧めします（**写真3-69**）．

先に挙げたハンディ機のなかでも，八重洲無線のVX-8Dはオプションのブルートゥース）ユニットBU-2を追加することで，BluetoothヘッドセットBH-2Aによるハンズフリー運用ができます（**写真3-70**）．ヘッドセットを配線するためのケーブルから解放され，スマートに運用できます．

自転車モービルのセットアップ

自転車の場合，無線機の取り付けはとても簡単です．筆者は八重洲無線のFT1Dを自作ブラケットを利用して，骨伝導マイクとハンドルに取り付けたPTTスイッチで運用しています．このようにセットアップする方法を紹介します．

① 無線機の電源について

最近のハンディ機のバッテリは持続時間が長いため，特に自動車用バッテリなどの外部電源を用意して接続する必要はないと思いますが，追加で購入できる予備のバッテリ（大容量タイプがお勧

写真3-67　JVCケンウッド TH-D72
APRS機能の充実も頼もしい144/430MHz FMハンディ機，GPS内蔵でロガー機能付き

写真3-68　八重洲無線 VX-8D
APRSに対応した50/144/430MHz FM機．広帯域受信機能付き．FMラジオはステレオ受信，AMラジオもOK

写真3-69　イヤホン・マイクの使用例

モービル・ハム入門 | 97

写真3-70 八重洲無線のVX-8Dはブルートゥース・ヘッドセットが使える．写真はメーカー純正のBH-2Aを利用しているようす

写真3-71 携帯電話用ブラケットを利用して，自転車のハンドルに取り付けた例

写真3-72 ハンドルに取り付けたPTTスイッチ

写真3-73 長めのアンテナに付け替えると飛距離アップが期待できる

め）や乾電池パックも用意しておくと役立ちます．

② 無線機の取り付け

ハンディ機にはベルト・クリップが付属しています．このベルト・クリップを利用してナップザックや腰のベルトに取り付ける方法と，自転車のハンドルに市販の携帯電話用ブラケットや自作のブラケットで取り付ける方法があります（**写真3-71**）．好みに合わせて選びましょう．

③ マイクロホン/PTTスイッチの選択

自転車モービルを快適に楽しむためには，無線機本体のほかに，スピーカ・マイク（ヘッドセット）やPTTスイッチにもこだわりたいものです．

ハンディ機のオプションとしては，スピーカ・マイクがメジャーですが，いくら自転車でもオートバイと同じで，走行中に片手運転で無線機やマイクを持ちながら運用すると道路交通法違反になるので，ハンズフリー運用ができるマイクロホンがよいでしょう．

例えば，骨伝導マイク（p.101，**コラム3-17**）などもお勧めです．この場合，ハンディ機をハンドルに取り付けたときは，PTTスイッチもハンドルに取り付けます（**写真3-72**）．

④ アンテナ

ハンディ機付属のアンテナでも楽しめますが，

第3章　無線機とアンテナの取り付け

アンテナ・メーカーから付属アンテナよりゲインがある（長めの）ハンディ機用アンテナが発売されているので試してみるとよいでしょう．例えば，第一電波工業の"SRH940"（**写真3-73**）やコメット"CH-600FXS"などがお勧めです．飛びの変化が期待できます．

自転車モービルにお勧めのバンド

ハンディ機単体で運用する場合は，430MHzの利用がお勧めできます．

コラム3-15　FT1D/VX-8シリーズ用，自転車ハンドル用ブラケットの製作

ホームセンターで購入できる材料で，自転車ハンドル用ハンディ機ブラケットを作ってみました．このブラケットは原付バイクのミラー共締めのブラケットとしても利用できます．

① 次の材料をホームセンターで購入します
- 20mm×10mm×100mmのアルミの角材…1本
- 滑り止めゴム・シート…若干数
- 穴あきステンレス金具…1本
- φ6のボルト，ナット，ワッシャ…2セット
- Uボルト…1個
- ハンドルに巻き付けるラバー（薄めのゴム板）

② アルミの角材にゴム・シートを接着材で貼ります
③ アルミの角材を適度な長さにカット，ステンレス金具をL字型に曲げて，ボルトとナットで角材に固定します
④ UボルトをL字型に曲げた金具に取り付けるのと同時にハンドルに固定します．その際，ハンドルには滑り止めのゴム・シートを事前に巻きつけておきます
⑤ 原付バイクのミラーと共締めする場合には，ステンレス金具の穴を使い，Uボルトは使いません

組みあがったブラケット（金具取り付け側）

組みあがったブラケット（ハンディ機取り付け側）

ハンドルに取り付けたブラケット（取り付けUボルト側）

ハンドルに取り付けたブラケット．ここにベルト・クリップが付いたハンディ機を差し込む

理由はアンテナの効率の関係にあり，50MHzや144MHzではハンディ機に付けるサイズのアンテナだとローディング・コイルなどで短縮しなければならないことがほとんどで，効率の悪さが否めません．

430MHzの波長は70cmです．ホイップ・アンテナの長さは波長の$\frac{1}{4}$が基本ですから，430MHzの場合は約17cmになります．ハンディ機付属のアンテナの多くは17cmぐらいなので，特性的には430MHzで最もバランスが良いと言えます．

もし，ハンディ機で50MHzや144MHzで運用したい場合には付属のホイップではなく長めのアン

コラム3-16　サイクリングにはGPSロガーが面白い

最近のGPS内蔵ハンディ機の中にはGPSロガー機能が付いている機種があります．

GPSロガー機能とはGPSで測位した位置を一定時間毎に記録するもので，それをパソコンで読み出すことで，きれいな地図上で移動軌跡を見ることができます．サイクリングに出かけたあとは，スナップ写真と一緒にGPSログ・データも保存しておくとよい思い出になることでしょう．

GPSロガー機能付きのハンディ機は本稿執筆時においてアイコムのID-51，ID-31，JVCケンウッドのTH-D72，八重洲無線のFT1Dがあります．次にFT1Dを使った場合のGPSログ・データの活用手順を紹介します．

■ 八重洲無線 FT1D のGPSログ機能を活用する

FT1Dのログ機能は購入時はOFFに設定されているので，セット・モードのログ機能を必ずONにしておきましょう．設定は次のように行います．
[DISP]（長押し）→DIAL「8 CONFIG選択」→[ENT]→DIAL「6 GPS LOG選択」→[ENT]→DIAL「2秒または5秒に選択」（アクセス時間が長すぎると軌跡が荒くなる）

■ グーグルアースに軌跡を表示させる

FT1DのGPSログで記録したログ・データをグーグルアースに軌跡を表示させてみましょう．
操作はとても簡単です．まずFT1Dに差し込んであるmicroSDカードを抜き，下記の手順で操作を行います．

① グーグルアースをインストールする
　URL **http://www.google.co.jp/intl/ja/earth/index.html**
② パソコンにカード・リーダーを接続し，FT1Dから取り出したmicroSDカードを差し込む．
③ microSDカード内の「FT1D」フォルダを開く
④ 「GPSLOG」フォルダを開く
⑤ グーグルアースを立ち上げる（**図3-E**）．
⑥ フォルダー内に保存されているlogデータをドラッグ＆ドロップでコピーする．
⑦ GPSデータインポートについての問い（**図3-F**）が表示されるので，[OK]をクリックする．
⑧ 次のウィンドウで表示させたいログデータを選ぶとKLMファイルが作成され，地図上に軌跡が表示される．

図3-E　GPSLOGフォルダを開いてグーグルアースにドラッグ＆ドロップでコピーする

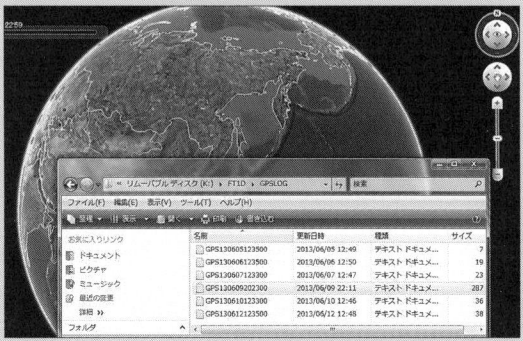

図3-F　GPSデータインポートについての問い

第3章 無線機とアンテナの取り付け

テナに付け替えるか，自転車の荷台などに取り付けたモービル・ホイップを使うとより効果的です．特に50MHzでは長めのアンテナを利用するとともに1.5mぐらいの電線をアンテナのアース側に付けてみるとアンテナの特性が改善されるでしょう．

付属のアンテナを使って50/144MHzで交信する場合は，あえて近距離交信用と割り切って50/144MHzを利用するという手もあります．

（JK1MVF 髙田 栄一）

メーカー連絡先とWebサイト一覧

● 無線機メーカー
- アイコム（株）
  TEL 0120-156-313（サポート・センター）
  http://www.icom.co.jp
- アルインコ（株）
  TEL 0120-464-007（電子事業部）
  http://www.alinco.co.jp
- （株）JVCケンウッド
  TEL 0120-2727-87
  http://www.jvckenwood.co.jp

- 八重洲無線（株）
  TEL 03-5725-6151（アマチュアカスタマーサポート）
  http://www.yaesu.com/jp/
● アンテナ・メーカー
- コメット（株）
  TEL：048-839-3131（代）
  http://www.comet-ant.co.jp/
- 第一電波工業（株）
  TEL049-230-1220
  http://www.diamond-ant.co.jp/

● マイク・メーカー
- （株）アドニス電機
  TEL 072-893-3111
  http://www.adonis.ne.jp/home.htm

（第3章で登場したアマチュア無線関連機器メーカーを抜粋）

コラム3-17　ハンディ機にピッタリなマイクを発見

　バイクや自転車モービルでは無線機のほかにスピーカやマイクも使い勝手に差が出る重要なアイテムです．筆者はバイクや自転車でで簡単に運用できる手ごろなマイクがないか探していたところ，とてもおもしろいマイクを発見しました．それはエレクトロデザイン（http://edcjp.jp）で販売している骨伝導マイクです（写真3-V）．この骨伝導マイクは簡単に言うとマイクとイヤホンが一体となったスピーカ・マイクのようなもので，普通のイヤホンのように耳に装着してイヤホンとして使用しますが，このイヤホン部分に圧電素子でできたピックアップが付いていて，この部分がマイクとして動作します．音声は耳の皮膚を経由して耳周辺の骨にも伝わるので，その振動を直接キャッチして音声として伝えます．

　音声の高域部分は減衰して伝達しにくいという欠点はありますが，直接体内の振動を取り出すので，普通のマイクで障害となる風切り音などは拾いません．つまりバイクや自転車で運用するときにピッタリなマイクなのです．ハンズフリー運用ができるようハンドルに巻きつけるマジック・テープつきのPTTスイッチも付属しているので，手軽につかえて，指に巻きつけてハイキングなどでも使えそうです．価格もリーズナブルで3,800円（税別）なので，まずは手軽に自転車モービルを楽しみたいという方にはこの骨伝導マイクを使ってみるのもよさそうです（写真3-W）．

写真3-V　骨伝導マイク
エレクトロデザイン・オリジナルの"EB骨伝導マイク"．PTTスイッチはハンドル・グリップなどにマジック・テープで巻きつける

写真3-W　骨伝導マイク"EB-Y"をFT1Dに取り付けたようす

モービル・ハム入門 | 101

第4章
交信方法と手順を知る

アマチュア無線機とアンテナをクルマにセットアップして実際に「無線」を楽しもう！と思っても，さて？どこの周波数のどのモードに合わせてどうやって交信したらよいのでしょう．この章では，「使う周波数」と「話しかた」の基本を紹介します．

4-1 運用モードと使える周波数

前章までで，周波数とモードにもちょっとずつ触れてきました．まとめると，クルマで無線を楽しむなら144/430MHzのFMが入門用として最適．慣れてきたらHF～430MHzまでのSSBモードにもチャレンジして楽しみを広げてみよう！という提案でした．

交信相手は，友人・知人または不特定（知らない人）の人との交信が可能なことも述べました．しかし，アマチュア無線を始める方の中には電波が届く範囲にアマチュア無線を楽しんでいる友人・知人はいないかもしれないので，いきなり知らない人との交信にチャレンジされる方もいるでしょう．

そのような状況を踏まえながら，モードごとに使える周波数を紹介します．

FMモードとSSBモードで使える周波数の範囲はそれぞれ法令で決まっています．その内容を抜粋したものを**表4-1**に示します．この範囲内で交信を楽しむようにしましょう．

FMモードで使う周波数

ところで，教科書に載っていない大切なルールがあります．それは，FMモードで利用する周波数です．結論から言えば，MHz単位で周波数を読んだ場合の小数点以下2桁目の数字（10kHz台）がゼロまたは偶数になる周波数を使います（**写真4-1**）．例えば，433.18MHzや433.10MHzなどがそれにあたります．

その理由は，FMモードの場合，すでに交信が行われている周波数から20kHz離れた周波数を使えば，電波の幅（占有帯域幅）が原因となる混信（他の電波と重なって通信できなくなる現象）を防ぐ

写真4-1　FMモードは10kHz台が偶数またはゼロの周波数を使う

第4章　交信方法と手順を知る

表4-1　音声通信モードで使える周波数範囲とモービル運用にお勧めの周波数範囲

略称	バンド(波長)	モード	利用可能な周波数範囲 (VoIPやレピータを除く)	モービルにお勧めの周波数 (HFは国内交信が盛んな範囲)
HF	3.5MHz(80m)	SSB(LSB)	3.525〜3.575MHz(※1), 3.599〜3.612MHz(※1), 3.680〜3.687MHz(※1)	3.525〜3.575MHz(※1)
	3.8MHz(75m)	SSB(LSB)	3.702〜3.716MHz(※1), 3.745〜3.770MHz(※1), 3.791〜3.805MHz(※1)	
	7MHz(40m)	SSB(LSB)	7.030〜7.200MHz(※1)	7.036〜7.190MHz
	14MHz(20m)	SSB(USB)	14.100〜14.350MHz(※2)	14.150MHz付近
	18MHz(17m)	SSB(USB)	18.110〜18.168MHz(※2)	18.120〜18.160MHz
	21MHz(15m)	SSB(USB)	21.150〜21.450MHz(※2)	21.180〜21.220MHz
	24MHz(12m)	SSB(USB)	24.930〜24.990MHz(※2)	24.940〜24.980MHz
	28MHz(10m)	SSB(USB)	28.200〜29.000MHz(※3)	28.500MHz付近
		FM	29.00〜29.30MHz(※4), 29.51〜29.70MHz(※5), 29.30MHz…呼出周波数(慣習)	29.10〜29.30MHz
VHF	50MHz(6m)	SSB(USB)	50.100〜51.000MHz(※3), 52.90〜54.00MHz(※2, ※9)	50.180〜50.250MHz
		FM	51.00MHz〜52.00MHz(※6), 52.90〜54.00MHz(※8, ※9), 51.00MHz…呼出周波数	51.00〜51.98MHz
	144MHz(2m)	SSB(USB)	144.100〜144.500MHz, 145.650〜145.800MHz(※9)	144.150〜144.490MHz
		FM	144.70〜145.65MHz(※8), 145.65〜145.80(※8, ※9), 145.00MHz…呼出周波数	144.72〜145.64MHz
UHF	430MHz(70cm)	SSB(USB)	430.100〜430.700MHz, 438.000〜439.000MHz(※9)	430.15〜430.68MHz
		FM	431.40〜431.90MHz(※8), 432.10〜434.00MHz(※8), 438.00〜439.00MHz(※8, ※9), 433.00MHz…呼出周波数	432.12〜433.98MHz
	1200MHz(25cm)	SSB(USB)	1294.000〜1294.500MHz(※7), 1296.200〜1299.000MHz(※9)	1294.020〜1294.490MHz
		FM	1294.90〜1295.80MHz(※8), 1296.20〜1299.00MHz(※8, ※9), 1295.00MHz…呼出周波数	1295.00〜1295.80MHz

※1　周波数範囲の下端周波数から3kHz以上離れた周波数を利用する
※2　周波数範囲の上端周波数から3kHz以上離れた周波数を利用する
※3　周波数範囲の上端周波数から10kHz以上離れた周波数を利用する
※4　10kHz台がゼロまたは偶数の周波数を利用する(例 29.02MHz)　下端周波数は使用不可
※5　10kHz台がゼロまたは偶数の周波数を利用する(例 29.60MHz)　29.70MHzは利用不可
※6　10kHz台がゼロまたは偶数の周波数を利用する.
※7　周波数範囲の下端周波数から10kHz以上離れた周波数を利用する
※8　10kHz台がゼロまたは偶数の周波数を利用する. 周波数範囲の上端, 下端は使わない
※9　すべてのモードで使える周波数(実験研究用周波数)
(※1〜9は慣習による推奨, または法令に基づくもの)

ことができます．だからといって皆が好き勝手な周波数を使っていては非効率なので，10kHz台が偶数の周波数を使うということになっています．

この「周波数を20kHzずつ離して使う」という周波数の間隔を「周波数ステップ」と言い，アマチュア無線では通常のFMモードが20kHz，D-STAR規格のデジタル音声モードは10kHz．アマチュア無線以外では12.5kHzなどの周波数ステップが使われています．ちなみに，FMモードが普及しだしたころは40kHzステップでした．骨董品のような無線機は40kHzステップの仕様になっていることがあります．

■ **FMモードにある呼び出しのための周波数**

FMモードには「呼出周波数」が定められています．この周波数を受信して友人・知人と待ち合わせたり（待ち受けともいう），不特定の局と交信を希望する「CQ」を出したり，出している局を待ったりという用途で使われていて，FMモード以外では使えない周波数です．デジタル音声モードでも使えません．

この周波数では交信する相手を見つけたら，ほかの周波数に移って交信します．したがって呼出周波数では「交信相手を見つけるための呼び出し」と「どこの周波数に移るか」という打ち合わせのための交信が中心で，それ以外の交信は行われません．ただし，非常時にはこの周波数で具体的な交信を行ってもよいことになっています．

写真4-2 SSBモードにはチャネルの概念はない

SSBモードで使う周波数

SSBモードはFMモードに比べて電波の幅が狭いことと，その特性から，FMモードのような「10kHz台は偶数の周波数を使う」というルールやチャネルの概念はなく，**表4-1**の範囲内ならどの周波数でも利用できます（**写真4-2**）．ただ，使用可能な周波数の上端と下端については扱いが微妙に異なる（場合によっては法令違反になる）のでその付近は使わないほうが無難です．

理論的にはSSBモードの電波が持つ幅は3kHzなので，すでに交信が行われている周波数から3kHz以上離れた周波数を使えばおおむねOKです．空いている場合には，1kHz台がゼロになるようなキリのよい周波数（例：50.240MHzなど）を使うとよいでしょう．

一つ注意しなければならないのは，SSBモードにUSBとLSBという二つのモードがあることです．このUSBとLSBが異なると交信できません．7MHz以下のバンドはLSB，それ以外のバンドではUSBを使うことが国際的なルールになっているので間違えないようにします．

4-2 交信の基本

交信するにあたって，最も基本的なことは，交信相手を見つけることと，周波数とモードを交信相手と一致させることです．

まずは，交信相手がいる場合，友人や知人と交信する場合の例を見てみましょう．周波数とモードはすでに電話などで打ち合わせし，決めてあると仮定します．

その前に大切なこと．自分のコールサインを確認しましょう．コールサインは無線局免許状の一番右上，「識別信号」の欄に書かれた文字列です(**写真4-3**)．これはアマチュア無線の世界では名前に匹敵するぐらいよく使う(使わなければならない)のでいつでも言えるように覚えておきましょう．

送話の基本的な流れ

簡単な交信例を**コラム4-1**に示します．この交信例では，お互いに電波が届いて聞こえるかどうか確認し合っています．

アマチュア無線の交信では，とにかくPTTスイッチ(送信ボタン)を押してから，次の順番で送話するのが基本です．

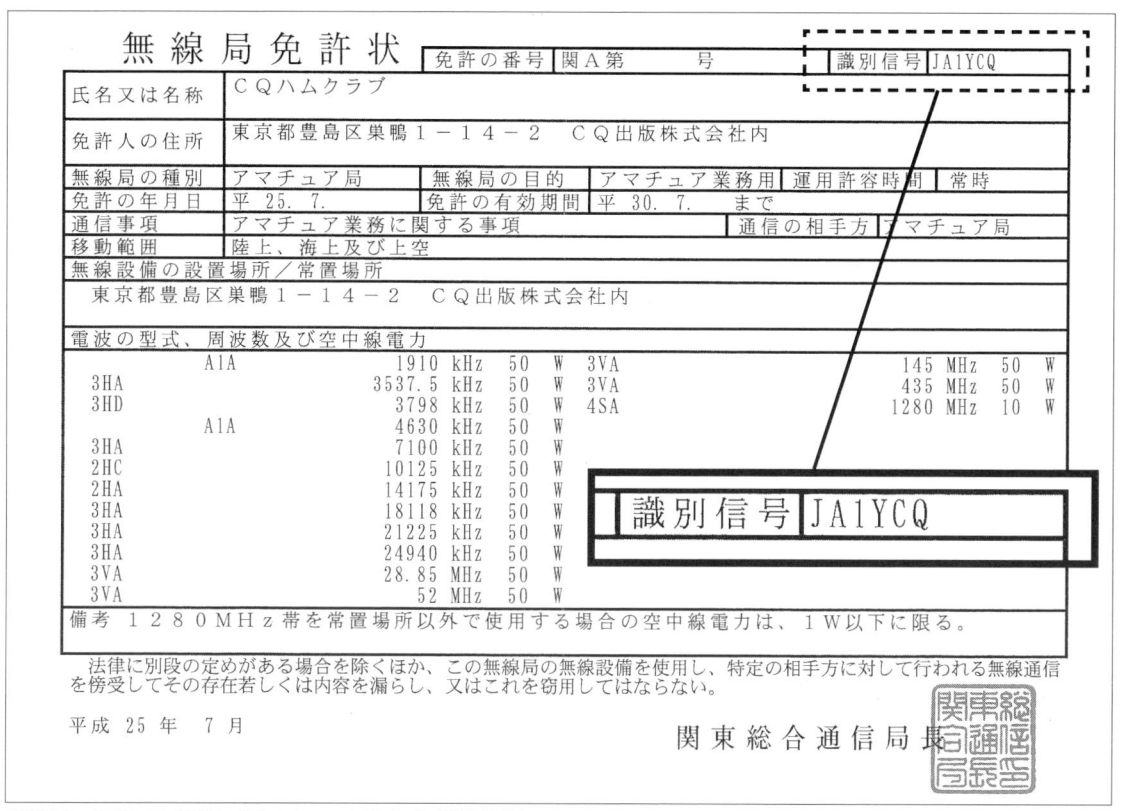

写真4-3　無線局免許状に書かれたコールサイン(＝識別信号)

① 「相手のコールサイン」を言う
② 「こちらは＋自分のコールサイン」を言う
③ 相手に伝えたい内容を話す
④ 「相手のコールサイン」を言う
⑤ 「こちらは＋自分のコールサイン」を言う
⑥ 「どうぞ」と言う

　重要なのは「どうぞ」と言うまで送信ボタンを押し続けることです．無線交信は発言のキャッチ・ボールですから，途中でPTTスイッチを離すと変な間（ま）が空きスムーズな交信ができません．
　ところで，上で送話する順番とその内容として①〜⑥を示しましたが，**コラム4-1**と違っていませんか？そうです，③で話す内容が極端に短い場合は，①と②または④と⑤を省略したり，あるいは①②③④すべてを省略することもあります．ただし，会話のキャッチ・ボールを展開する中で，数回のキャッチ・ボールのうち1回は必ず①と②または③と④のようにコールサインを言うようにします．また，相手のコールサインを言ってから自分のコールサインを言うのが暗黙の了解事項なので「こちらは」も省略できます．

　なお，仕事で無線を使っている方は，やり方などが仕事用の無線とちょっと違っていると思われるかもしれません．消防や警察などの業務用無線では，自分のコールサインを言ってから相手のコールサインという順番でコールサインを言いますが，アマチュア無線ではその順番が逆です．「各局あて」の送話も「○○から各局」ではなく，「各局こちらは○○」になります．アマチュア無線ではこれが標準で海外の人との交信もそのように行われています．

■ メリット表現を覚えよう

　コラム4-1の例は，友人同士が電波が届くかどうか確認しあっている例です．この場合，「聞こえますか？」という問いかけなので「聞こえますよ」で返答してもよいのですが，無線には「メリット」という受信状況を5段階で表現する方法があります（**表4-2**）．この例ではその表現を使っています．例えば，メリット1は受信できないレベル，メリット5はとても強力かつ明瞭に聞こえていることを意味します．聞こえないのだからメリット1はありえないと思うかもしれませんが，たとえ相手の音声が聞こえてこなくても，「JA1QSBこ

コラム4-1　友人・知人との交信例

JA1QRA 田中さんが友人のJA1QSB 佐藤さんと電波が届くかどうか確認する簡単な交信例です．
JA1QRA（田中）：周波数チェック．この周波数どちらかお使いですか？こちらはJA1QRA
（1分ほど受信して誰も交信していないことを確かめて，念のため周波数を使っていないか呼びかける．数十秒間受信し続けて返答がなければ，相手局を呼び出す）
JA1QRA：JA1QSB こちらは JA1QRA です．佐藤さん聞こえますか？どうぞ
JA1QSB（佐藤）：JA1QRA こちらは JA1QSB です．田中さん，こんにちは，メリット5 です．こちらはいかがですか？どうぞ．
JA1QRA：JA1QSB こちらは JA1QRA です．佐藤さん，了解できました．こちらもメリット5 です．交信ありがとうございました．どうぞ．
JA1QSB：JA1QRA JA1QSB，田中さん，了解しました．こちらこそありがとうございました．またよろしくお願いします．73（セブンティ・スリー）さようなら．
JA1QRA：JA1QSB JA1QRA，ありがとうございました．73．

表4-2 メリット表現

表現	評価
メリット5	完全に了解できる
メリット4	困難なく了解できる
メリット3	かなり困難だが了解できる
メリット2	かろうじて了解できる
メリット1	了解できない

ちらはJQ1QRAです．メリット1です．もう一度お願いします！どうぞ」という具合に使うことがあります．無線では今までメリット5だったのが，伝搬状況の急激な変化で急にメリット1になってしまう場合があり得るのです．

メリット表現は業務用無線でも使われている無線用語です．特にモービルの場合は後ほど紹介するRSレポートという表現で受信状況を伝えられない場合(例えば，無線機にあるSメータという受信状況を示すメータを見られない場合)は，メリット表現を使うのでぜひ覚えておきましょう．

■ 終話方法

交信を終わらせるには，「ありがとうございました．さようなら」というのが基本ですが，アマチュア無線では終話まぎわに73(セブンティー・スリー)という発言を付け加える慣習があります．それだけで，「交信ありがとうございました」を表現できます．交信相手が女性ということが明らかな場合には88(エイティ・エイト)と送話します．これは絶対に言わなければいげないというものではありませんが，国際な慣習なので，ぜひ覚えておきましょう．

4-3　FMモードを使った特定局との交信

　FMモードでは呼出周波数の利用が基本になります．呼出周波数は「メイン・チャネル」や「メイン」と呼ばれ，常に大勢の人たちが聞いています．呼出周波数で呼び出して交信相手が定まったら，ほかの周波数に移って交信します．この移って交信する「ほかの周波数」は「メイン」に対して「サブ」または「サブ・チャネル」と呼んでいます．

　また，このサブ・チャネルは呼び出し周波数から近い周波数のうち，周波数をMHz単位で表したときの小数点以下2桁目の部分（10kHz台）がゼロまたは偶数になる周波数を探し出して指定するようにします（例：433.02MHz，432.90MHzなど）．

呼出周波数を使った特定局の呼び出しと応答

　まずは最も簡単な特定局（友人や知人など）の呼び出し方法を紹介しましょう．**コラム4-2**をご覧ください．この例は先ほど**コラム4-1**で登場したのJA1QRA 田中さんとJA1QSB 佐藤さんが呼出周波数で待ち合わせて，交信する例です．

■ コールサインの言いかたを覚えよう　その①

　ここでまず覚えたいのは，コールサインの言い方です．例えば，JA1QSBの場合はジェイ・エー・ワン・キュー・エス・ビーと言います．数字の部分は英語の読みにします．ジェイ・エー・イチ…

コラム4-2　呼出周波数で待ち合わせる特定局との交信

　JA1QRA 田中さんがJA1QSB 佐藤さんと430MHzの呼出周波数で待ち合わせて交信を始める例を示します．彼らはははお互いに呼出周波数である433.00MHzに合わせています．
JA1QRA：JA1QSB お聞きですか？こちらはJA1QRA．
（呼出周波数では使っているかどうかの呼びかけをしないで，誰も送信していなければ，いきなり送信してよい）
JA1QSB：JA1QRA JA1QSB こんにちは．どうぞ．
JA1QRA：JA1QSB JA1QRA こんにちは．サブ探してきます．
（サブとは，呼び出し周波数以外の，交信できる周波数のこと）
JA1QSB：了解．よろしくお願いします．
（このあと，JA1QRAは呼び出し周波数の近くの空き周波数を探すために無線機のダイヤルつまみを回して，誰も交信していない周波数を探します．JA1QRAは433.02MHzが空いていると認識したようです）

JA1QRA：周波数チェック．こちらはJA1QRA．
（JA1QRAは空いていると察した433.02MHzで送信しました．どうやら反応がなく，空いているようです．数十秒間受信して呼出周波数に戻りました）
JA1QRA：JA1QSBこちらはJA1QRAです．サン・ポイント・ゼロ・ニにQSY願います
JA1QSB：サン・ポイント・ゼロ・ニにQSYします
（この後彼らは，433.02MHzに移って（QSYして）交信を楽しみました）

● 移り先の周波数を探しに行くのはどちら？
　この例の場合，呼び出しを行ったJA1QRAがサブ・チャネルを探しにいきました．より電波がよく飛びそうな人が探しに行くとよいでしょう．例えば，モービルと固定局が交信するパターンでしたら固定局側が探しにいきます（この場合は，モービル局に手間をかけるのは安全の観点からも避けたいという意味も含まれる）．モービル同士だったり，設備や環境があまり変わらない局同士の場合は，呼び出しを行った人が探しにいくとよいでしょう．

第4章　交信方法と手順を知る

とは言いません．

■ 周波数の言いかた

次は周波数の言いかたについて紹介します．呼出周波数では呼び出しと応答，移り先の周波数の打ち合わせ程度の交信しか行わず，できる限り簡潔に送話することになっています．例えば，433.02MHzの言い回しは本来であれば「ヨンヒャク・サンジュウ・サン・テン・ゼロ・ニ・メガヘルツ」と言うべきところ，「サン・テン・ゼロ・ニ」と省略して言うことが多くあります．また，点(テン)はポイントと言われることもあり，3.02を「サン・ポイント・ゼロ・ニ」と言う場合もあります．

FMモード用の周波数の場合は小数点以下2桁まで，SSBモード用の周波数を言う場合はMHz台の数字を言ったあと小数点以下3桁まで表現するのが一般的です．例えば50MHzのSSBの周波数を言う場合，50.240だとすると「ゴジュッテン・ニ・ヨン・マル」と言います．

以上のように周波数を表現する言い回しは，何パターンかありますが，相手にちゃんと伝わるように言えばよいので，絶対にこうしなければならないというものでもありません．

■ Q符号を知ろう

次に，周波数を変更することをQSY(きゅー・えす・わい)というQで始まる3桁の文字で表現していることに注目しましょう．これはQ符号と呼ばれ不特定の局との交信では必ずといってよいほど出てきます(Q符号の意味はp.115の**表4-7**に記

表4-3　エリア番号と管轄，各エリア番号に属する都道府県

エリア番号	管轄	都道府県名
1	関東	東京都(小笠原含む)，神奈川県，埼玉県，千葉県，群馬県，茨城県，栃木県，山梨県
2	東海	静岡県，愛知県，三重県，岐阜県
3	近畿	大阪府，京都府，奈良県，和歌山県，滋賀県，兵庫県
4	中国	広島県，岡山県，山口県，島根県，鳥取県
5	四国	徳島県，香川県，愛媛県，高知県
6	九州	福岡県，佐賀県，長崎県，大分県，熊本県，宮崎県，鹿児島県，沖縄県
7	東北	青森県，秋田県，山形県，福島県，岩手県，宮城県
8	北海道	北海道
9	北陸	石川県，福井県，富山県
0	信越	長野県，新潟県

載)．

また，特定局なら名前も運用場所もわかっていることが多いので，名前や運用場所はあまり言いません(もちろん言ってもよい)．このように，呼出周波数は多くの人が利用するので，送信時間はできる限り短く，Q符号などの省略符号を活用します．できる限り短くを意識しすぎて，早口になってしまい，コールサインが聞き取れないことがないようにします．

■ **コールサインの言いかたを覚えよう　その②**

次に覚えたいのは，アマチュア無線ではコールサインのあとに，モービルやポータブルなどという言葉を付け加えて運用形態を表現したり，コールサインのあとに運用場所(地域)を付け加える慣習があります．

アマチュア無線はいろいろな場所で楽しめます．常置場所(家など)での運用はもちろん，クルマで交信する人(モービル局)が，どこまで電波が飛ぶかという自他ともに共有できる興味から，コールサインとともに運用形態，運用地，都道府県と市や郡，町村名，など電波を発射している場所を付け加えるのです．それにより移動中の局との交信がすんなりできるかどうかの判断材料にもなります．

加えて，無線局免許状の「無線設備の設置場所/常置場所」覧に記載されている住所と異なる場所から電波を出す(運用)場合は，「コールサイン＋"/"＋エリア番号」という表記にするルールがあり，"/"は「ポータブル」または「ストローク」と読みます．エリア番号とは総合通信局の管轄(**表4-3**)に応じた番号で0～9の数字で表現されていて，コールサインの頭から数えて3文字目の数字と同じ意味です．実際の使用例は次のようになります．

① 常置場所と異なる場所での運用を示す

例：「こちらは，JA1YCQ/1 です」

② 常置場所以外での運用で地名などを示す

例：「こちらは，JA1YCQ/1 東京都港区です」

　場所を知らせたい場合は/1に続けて運用場所を言います(通常は市区町村まで)．

例：「こちらは，JA1YCQ/0 八ヶ岳山頂です」

　八ヶ岳は長野県なので/0を付けます．

ところで，アマチュア無線の世界では，コールサインやエリア番号を書くときは，ゼロをオーと

第4章　交信方法と手順を知る

間違えないように，ゼロのことを0と/を合わせて0と書きます．

例：「こちらは，JA1YCQ/2 モービル，東名高速沼津」

クルマの場合は走行中の路線名も言う場合もあります．

③ 運用形態を表す

例：「こちらは，JA1YCQ/1 モービル」

モービルは移動体のことですが，モービルだけの場合は一般的に自動車のことを指します．オート・モービルのオートを省略した言い回しと考えられます．

例：「こちらは，JA1YCQ/1 マリタイム・モービル」

自動車以外の移動手段の場合は○○・モービルと表現します．マリタイム・モービルは船舶による移動で，文字(電信)で通信する場合はJA1YCQ/1 MMと打ちます．

例：「こちらは，JA1YCQ/1 バイク・モービル」

バイク・モービルの場合の例です．移動手段を説明することで交信中の話題が増えます．

コールサインの後の"/(ポータブル)"に続く番号は英語の読みになり，例えば，JA1YCQ/1はJA1YCQポータブル・ワンと読みます．

"/"以降の文字列はコールサインとは異なるため，いろいろな運用状態や運用場所を表す語句を付け加えて表現できますし，相手にその状況が伝わった後は，いちいち言わなくなる場合もあります．

勝手に作ったといっては語弊がありますが，運用形態の多様化によりこれらの表現はさまざまです．走行中のモービル局の場合，走行中の市や郡，町村名がわからない場合でも，国道名や交差点など地名に変わる位置を特定できるものがたくさんあるので，高速道路などでは，始点からの距離を示した標識(キロポスト)の数字を言ったりする場合もあります．

モービルの場合，このような情報をコールサインのアナウンスに加えることで交信相手に大まかな位置を知らせることができます．

走行中のモービルは電波を発射している場所を逐次アナウンスすることでさまざまな効果をもたらします．例えば，交信相手が家で運用している局(固定局)で特定方向の電波を強力に受信する特性(指向性)がある八木アンテナなどを使っている場合，刻々と移動するモービルに対してアンテナの方向を変えることができますし，モービル同士でもお互いのおおまかな距離がつかめるうえ，近づく，遠ざかるといったこともわかりますから，交信がどれくらい持続できるかどうかの目安にもなります．

4-4　FMモードを使った不特定多数との交信

不特定の人たち（友人・知人以外）と交信するには，もう少し知っておかなければならないことがあります．

まず，友人・知人との交信とは異なり，コールサインを聞いて，名前，電波を出している場所など，交信する人が変われば，それらの内容も変わってきますから，交信するたびに正確に聞きとる必要があります．

無線の世界にはそれらの情報を正確かつ効率的に伝えるために培われてきたノウハウがあります．一つは欧文と和文の通話表，もう一つは受信状態を伝えるRSレポートという2桁の数字です．不特定局との交信には必ず必要です．

あわせて，「Q符号」と呼ばれるものや，ちょっとしたアマチュア無線用語の意味も覚えておきましょう．

フォネティック・コードを知る

呼出周波数を聞いていると「ジュリエット」や「アルファ」など，なにやら意味不明の英単語の羅列が聞こえてきます．これはフォネティック・コードといって，コールサインのアルファベットの部分を，一文字ずつ英単語（名詞）に置き換えて言っているものです（**表4-4**）．

日常生活でも英語の綴りを電話で説明するとき，例えば"AT"を説明しようとして，Aを「ABCのA」，Tを「トヨタのT」などと説明した経験はありませんか？ それと同じで，無線界ではアルファベットを一文字ずつ説明するときのための単語があらかじめ用意されています．

例えば，JA1YCQをフォネティック・コードで表わすと，ジュリエット・アルファ・ワン・ヤンキー・チャーリ・ケベック になります．このように各単語の頭文字でコールサインを表現するもので，国内外に通用します．ちなみにフォネティック・コードは「欧文通話表」とも呼びます．

● 正式なフォネティック・コードを使おう

フォネティック・コードはアマチュア無線のコールサインを言うときに，日本，海外を問わず利用されています．

フォネティック・コードを使っても，間違えられやすいのは，LとRで，Lはリマ，Rはロメオと言います．この二つを混同される方が多いようです．中にはLをロンドン，Rをロバートと言う人がいますが，さらにわかりづらいようです．ちなみに，Uはユニフォームですが，これ

表4-4　欧文通話表（無線局運用規則第14条別表第5号）
太字の部分を強く発音するとよい

A	Alfa	**ア**ルファ	N	November	ノ**ヴェ**ンバー
B	Bravo	**ブ**ラヴォー	O	Oscar	**オ**スカー
C	Charlie	**チャー**リ	P	Papa	パ**パ**ァ
D	Delta	**デ**ルタ	Q	Quebec	ケ**ベ**ック
E	Echo	**エ**コー	R	Romeo	**ロ**メオ
F	Foxtrot	**フォ**クストロット	S	Sierra	シ**エ**ラ
G	Golf	**ゴ**ルフ	T	Tango	**タ**ンゴ
H	Hotel	ホ**テ**ル	U	Uniform	**ユ**ニフォーム
I	India	**イ**ンディア	V	Victor	**ビ**クタ
J	Juliett	**ジュ**リエット	W	Whiskey	**ウィ**スキー
K	Kilo	**キ**ロ	X	X-ray	**エ**クスレイ
L	Lima	**リ**マ	Y	Yankee	**ヤ**ンキー
M	Mike	**マ**イク	Z	Zulu	**ズ**ールー

第4章　交信方法と手順を知る

表4-5　和文通話表(無線局運用規則第14条別表第5号)

あ	朝日のあ	た	タバコのた	ま	マッチのま	わ	わらびのわ	一	数字のひと
い	いろはのい	ち	ちどりのち	み	三笠のみ	ゐ	ゐどのゐ	二	数字のに
う	上野のう	つ	鶴亀のつ	む	無線のむ			三	数字のさん
え	英語のえ	て	手紙のて	め	明治のめ	ゑ	かぎのあるヱ	四	数字のよん
お	大阪のお	と	東京のと	も	もみじのも	を	尾張のを	五	数字のご
か	為替のか	な	名古屋のな	や	大和のや	ん	おしまいのん	六	数字のろく
き	切手のき	に	日本のに			゛	濁点	七	数字のなな
く	クラブのく	ぬ	沼津のぬ	ゆ	弓矢のゆ	゜	半濁点	八	数字のはち
け	景色のけ	ね	ネズミのね					九	数字のきゅう
こ	子供のこ	の	野原のの	よ	吉野のよ			〇	数字のまる
さ	桜のさ	は	ハガキのは	ら	ラジオのら			ー	長音
し	新聞のし	ひ	飛行機のひ	り	リンゴのり		、	区切り点
す	スズメのす	ふ	富士山のふ	る	るすいのる		」	段落(改行)
せ	世界のせ	へ	平和のへ	れ	レンゲのれ		(	下向括弧
そ	そろばんのそ	ほ	保険のほ	ろ	ローマのろ		)	上向括弧

をアンクルという人がいます．ローマ字読みでアはAですから，これも間違いの元になります．正式なフォネティック・コードの利用がお勧めです．

● **フォネティック・コードを覚える必要性は？**

　最初から全部暗記する必要はないでしょう．最初のうちはなかなか聞き取れないかもしれませんが，とにかくこれを聞いたら単語の頭文字を想像するように心がければそのうちに慣れてきます．最低限，ご自身のコールサインはフォネティック・コードで表現できるようにメモして覚えておきましょう．コールサインを平読みするだけでは電波の伝搬状況が悪い場合は，聞き取ってもらえないことがあります．

和文通話表を知る

　先に説明したフォネティック・コードはコールサインなどのアルファベットを伝える際に多用されますが，ほかに「かな」を説明する和文通話表(**表4-5**)もあります．これは交信中に名前や運用場所などを交信相手に伝えるときに使うので，最低限ご自身の名前や運用場所は和文通話表で言えるようにしておくとよいでしょう．例えば，アベさんの場合，「朝日のア，平和のへに濁点」と表現します．濁点「゛」や半濁点「゜」が付いた文字は，まずそれらが付いていない文字を説明したあとに続けて「濁点」や「半濁点」と言います．数字の言いかたも決められているので，このような言いかたもあるのだということを覚えておきましょう．

　アマチュア無線の場合，これを「なるべく使う」と定めてあるので強制ではないのですが，独自のものを利用するとかえってわかりづらくなることがありますから，できる限りこの表に基づいた表現を使います．

RSレポートを知る

　特定局との交信方法を紹介したときに「メリット」という受信評価について説明しましたが，それ以外にも受信状況を表現する方法がもう一つあります．それは「RSレポート」と呼び，単に「レポート」とも言われます．不特定の局と交信するときは，相手の局からレポートをもらい，ご自身からもレポートを送る(言う)ようにします．

ご自身が相手局に伝えたRSレポートはQSLカードを発行する際にそのQSLカードに明記する必要があるので，ログにも記入しなければなりません．また，レポートとコールサインをお互いに確認できれば，対外的にも交信成立と見なされ，特に遠距離交信にチャレンジされている方は，とにかくコールサインとレポートを何とか間違いなく聞き取ろうと頑張ります．これがお互いに確認できれば，交信証明書とも呼ばれるQSLカードの発行要件が満たされると解釈されているのです．

■ RSレポートの表しかた

　RSレポート（シグナル・レポート）は2桁の数字で表し，十の位はメリットと同じく受信状況の評価．一の位は無線機に付いているSメータが指し示す値をあてはめます（数値は1～9および9以上は9+と表記）．例えば，受信状況が良好で，Sメータが9の位置まで触れていた場合は「59」となり，「レポートはご・きゅうです」とか"ごじゅうきゅう"です」と言います．Sメータが付いていない無線機の場合は**表4-6**を参考に評価すればOKです．

　モービルの場合，Sメータの値は常に変化しますが，最大値で評価します．それゆえ，「ピークで59です」と言う場合もあります．

　先に説明した欧文・和文の各通話表とRSレポートは不特定局との交信に必ず必要になるので，各表の部分をコピーして無線機の傍に備えて活用しましょう．なお，これらの表はCQ ham radio誌の1月号に付録として付いてくる「ハム手帳」にも同じものが掲載されているのでそちらを利用してもよいでしょう．

■ Q符号やアマチュア無線用語を知る

　アマチュア無線の交信には，Qから始まる3文字のアルファベットに意味を持たせたQ符号と呼ばれるもの（**表4-7**）や，アマチュア無線独特の用語（**表4-8**）があります．無理に使う必要はなく，覚えたものから使いたいときに使えばよいのですが，Q符号はCQを出して大勢の人に呼ばれたときなど，効率を重視する交信でも使われるので，要チェックです．

不特定の局との交信の進めかた

　不特定の局との初めての交信は，29MHz以上のバンドで行われているFMモードを利用する方法をお勧めします．都市部なら430MHz，人口が少ない地域なら144MHzがお勧めです．p.103，**表4-1**に示した呼び出し周波数を受信していればCQを出す局を効率的に待ちうけ（待ちぶせ）できます．まずは，CQを出す局を呼んで交信する方法から試してみて，慣れてきたら，ご自身でもCQを出して交信してみましょう．

　たとえクルマからでも，不特定の局と交信は，

表4-6　RSレポート（シグナル・レポート）の評価

了解度 (Readability)	
5	完全に了解できる
4	実用上困難なく了解できる
3	かなり困難だが了解できる
2	かろうじて了解できる
1	了解できない

信号強度 (Signal Strength)	
9	きわめて強い信号
8	強い信号
7	かなり強い信号
6	適度な強さの信号
5	かなり適度な強さの信号
4	弱いが受信は容易
3	弱い信号
2	たいへん弱い信号
1	微弱でかろうじて受信できる信号

第4章 交信方法と手順を知る

表4-7　Q符号の意味（使用頻度が高いもの）
Q符号のもつ本来の意味と違うものがあるが，アマチュア無線界で慣用化されている意味を記した

Q符号	意味	使用例
QRA	名前のこと	QRAはタナカです
QRL	①通信中　②忙しい	最近QRLです（忙しい）
QRM	混信のこと	QRMがあります
QRN	ノイズのこと	QRNがあります
QRP	5W以下の小電力	QRP運用です
QRT	閉局すること（一時的）	本日はこれでQRTします
QRV	オン・エアすること	QRVしました
QRX	少し待つこと	QRX！
QRZ	私を呼ぶ（または呼んだ）人は居ますか	QRZ？
QSB	受信状態が周期的に変化すること	QSBがあります
QSL	①交信証のこと　②了解しました	QSL（了解しました）
QSO	交信のこと	QSOしました
QSP	伝言のこと	彼からのQSPです
QSY	周波数を変えること	433.02MHzにQSY
QTH	運用場所	QTHは東京都豊島区です

表4-8　アマチュア無線用語
よく使われるものを抜粋した

用語	意味
FB	すばらしいという意味
OM	先輩ハムを意味する敬称
WX	天気のこと
YL	女性のこと
XYL	妻
アクティビティー	活発さ，活動があること
移動運用	常置場所とは違う場所（おもに屋外）でアマチュア無線を運用すること
コール	呼び出すこと
コールバック	応答のこと
コピー	了解できたこと
コンタクト	交信
コンディション	電波伝搬の状況
サフィックス	コールサインの数字以降の文字の部分
シャック	アマチュア無線を楽しむ部屋または建物
セカンド	①2回目　②子供のこと
バンドプラン	アマチュアバンド内で各モードごとに運用できる周波数を定めた法令に基づく決まり（使用区分，使用区別ともいう）
ビューロー	JARLなどが行うQSLカード転送システムのこと
ファースト	初めての
ファイナル	①交信を終了するときの言葉　②無線機の高周波増幅回路の最もアンテナに近い側にある増幅デバイス
プリフィックス	日本ではコールサインの1文字目から3文字目のアルファベットと数字のこと
ホーム	免許状に記載された無線設備の常置場所や設置場所のこと
メイン・チャネル	呼出周波数のこと
ラグチュー	無線を使ったおしゃべり，友人・知人との交信
リグ	無線機，トランシーバのこと
ローカル	①近所の局　②友人・知人の局
ロケーション	見晴らし

QSLカードを発行することになる場合が多いということもあり，交信データをログに記入する必要があります．走行中は受信だけに留めて，安全な場所にクルマを停めてから交信を始めましょう．

コラム4-3に交信例を示します．

■ **CQを聞いてサブ・チャネルに移る**

「CQ」とは「だれでもよいから応答して」という意思表示です．「CQ CQ CQ こちらは（コールサイン）」などのように使いますが，FMモードの場合，**コラム4-3**の例のようにCQを出す局があらかじめサブ・チャネルを探してから呼出周波数に戻りCQを出すのが一般的ですが，人口が少ない地域では，交信相手が決まってからサブ・チャネルを探しにいく場合もあります．

サブ・チャネルは144/430MHzの場合，一般的には144.80MHz〜145.50MHz/432.50MHz〜433.50MHzが使われることが多いようです．

■ **CQを出す局を呼んでみよう**

サブ・チャネルに移ると呼出周波数でCQを出

していた人が再びCQを出しますから，その人が受信したタイミングで「自分のコールサイン」を言います．実はここで，自分との交信が始まるとは限りません．ほかにも呼んでいる人がいる場合，その他の人との交信が始まってしまう場合があります．特に山の上や珍しい場所からCQを出したり，女性(YLともいう)がCQを出すと，たいていの場合，ご自身のほかにたくさんの人が一斉に呼ぶという現象が起こります(これをパイルアップやパイルという，**コラム4-4**参照)．CQを出して行う交信は1対1が基本です．多くの人たちの中から選ばれるかどうかはご自身の電波が相手局に届いている状況など，複雑な要素がからみますから，交信できるかどうかはそのときのタイミングや運に任せることになります．

パイルアップの場合，一回であきらめずに，交信が終わった直後を見計らってもう一度呼んだり，あきらめて他の局を探すなどの方法が考えられます．

実はこのあたりもアマチュア無線の醍醐味の一つで，パイルアップにもかかわらず交信できたときは嬉しいものですし，パイルアップを受ける側になりたいがために電波がよく飛ぶ場所や珍しい場所に出かける人もいます．

コラム4-3　呼出周波数を利用した不特定多数との交信例

CQを出す局はJA1YCQ，それを呼ぶのはJQ1YDA/1モービルという例

JA1YCQ：(432.98MHzで周波数チェック)
周波数チェック，こちらはJA1YCQ
(JA1YCQは432.98MHzをしばらく受信して誰からの応答もなく，使っている気配もないことを確認)

JA1YCQ：(433.00MHz呼出周波数で送信)
CQ こちらは JA1YCQ ジュリエット・アルファ・ワン・ヤンキー・チャーリ・ケベック，東京都豊島区です．お聞きの局がいらっしゃいましたら，ヨン・サン・ニ・テン・キュウ・ハチ，ニ・テン・キュウ・ハチで待機します．コールください．

JA1YCQ：(432.98MHzにQSY＝周波数変更)
CQ こちらは JA1YCQ ジュリエット・アルファ・ワン・ヤンキー・チャーリ・ケベック，東京都豊島区です．メインからQSYされた方がいらっしゃいましたらコールください．受信しますどうぞ．

JQ1YDA：ジュリエット・ケベック・ワン・ヤンキー・デルタ・アルファ・ポータブル・ワン・モービルです．どうぞ．

JA1YCQ：JQ1YDAポータブル・ワン・モービルこちらは JA1YCQ です．
こんにちは．コールありがとうございます．レポートは次回お送りします．こちらのオペレータ名はタナカです．タバコのタ，名古屋のナ，為替のカ，タナカです．QTHは東京都豊島区，東京のト，新聞のシ，マッチのマ，クラブのク，豊島区です．初めてのQSOですね．今後ともよろしくお願いします．ひとまずお返しします．JQ1YDA/1モービル，こちらはJA1YCQです．どうぞ．
(レポートはRSレポートのこと．QTHは運用場所で市区町村レベルまで伝える．QSOは「交信」を意味するQ符号)

JQ1YDA：JA1YCQこちらはJQ1YDA/1 モービルです．
タナカさん，こんにちは，ピックアップありがとうございました．こちらからのレポートはピークで59，ファイブ・ナインで，QSBがあります．名前はサトウ，桜のサ，東京のト，上野のウ，サトウです．QTHは東京都千代田区，モービルで，ただ今，中央通りの神田駅前を秋葉原に向けて走行中です．お返しします．JA1YCQこちらは JQ1YDA/1ですどうぞ．
(QSBとは信号強度が変化する状況を意味するQ符号．モービルの場合，走行中の道路とどちらに向かっているかを言ってあげると親切)

JA1YCQ：JQ1YDA/1 モービルこちらはJA1YCQ，東京都豊島区です．タナカさん了解しました．59のレポート，ありがとうございました．こちらからも

第4章　交信方法と手順を知る

■ 交信が始まったら

交信が始まったら，次の内容を交信相手に伝えます．交信相手からも同じ項目の内容を伝えてくるはずですから，その内容をメモ用紙やログにメモしておきましょう．特にモービルで不特定の局と交信する場合は，安全な場所にクルマを停めて交信することをお勧めします．

不特定の局との交信が始まったら，次の①～③の情報を相局と交換します．

① コールサインとRSレポート

コールサインとRSレポート（p.114，**表4-6**）は，たとえパイルアップになっていたとしても必ず相手局に伝えて，そして相手局から教えてもらいましょう．この数字は二つともログに記録しておきます．QSLカードを発行することになる場合，記入しなければなりません．

② オペレーター名と運用地

名前（オペレーター名）と運用地（QTHともいう）をお互いに教えあいます．無線以外でも初対面のときは最低限名前を名のりあうと思いますが，それと一緒です．運用地はアマチュア無線の電波の飛びに興味を持つ人が多い背景から，重要な情報と言えます．伝えるのは電波を出している「市区町村名」までで住所の枝番までは言う必要は

同じく59，ファイブ・ナインでQSBがありますが，たいへん強力に入感しています．こちらのアンテナは8分の5λ（ラムダ）4段のグラウンド・プレーンでリグはアイコムのIC-7100，出力は50Wです，秋葉原向けのモービルですね．お買い物でしょうか？ところで，QSLカードはいかがですか？交換されているようでしたら，ビューロー経由でご交換お願いします．JQ1YDA/1 こちらは JQ1YCQ お返しします．どうぞ．
（リグとは無線機のこと．ビューロー経由とはJARLビューロー経由を意味する．QSLカードを発行しない人もいるので，確認をする．使っている無線機やアンテナの紹介，ちょっとした雑談も交えてよい）
JQ1YDA：JA1YCQこちらはJQ1YDAモービルです．59 QSBありのレポート，ありがとうございます．QSLカードはこちらからもJARL経由でお願いします．到着を楽しみにしています．
こちらのアンテナは長さ約1mのモービル・ホイップで無線機はJVCケンウッドのTM-D710，APRSでビーコンを出しながら走行しています．
ホームQTHは東京練馬区で，そこからもよく出ています．また機会がありましたらよろしくお願いします．
ただ今，万世橋交差点にさしかかりました．ご想像のとおり，今日は秋葉原にパーツを買いにきました．まもなく到着ですので，今回はショートで失礼します．そろそろファイナルにします．JA1YCQこちらは JQ1YDA/1モービルです．どうぞ．
（「ホームQTH」は免許状に記載されている常置場所．「ショート」は短い交信という意味．「ファイナル」は交信を終わらせること）
JA1YCQ：JQ1YDA/1 モービルこちらはJA1YCQです．了解しました．買い物を楽しまれてください．今回はFBなQSO，ありがとうございました．また聞こえていましたらよろしくお願いします．JQ1YDA/1 モービルこちらはJA1YCQ セブンティ・スリーさようなら．
（FBとは「すばらしい」という意味．QSOは交信を意味するQ符号）
JQ1YDA：JA1YCQこちらはJQ1YDAモービルです．到着しました．また次回，ゆっくりとお願いします．ありがとうございました．73さようなら．
JA1YCQ：ありがとうございました．こちらはJA1YCQ，ほかにお聞きの局がいらっしゃいましたらQSOお願いします．受信します．どうぞ．
（CQを出した人は引き続き同じ周波数を利用できる）
　　　　　　　　　　　（社団局特有の表現は省略した）

ありません．余裕があれば無線機の型番，アンテナの種類や送信出力などの情報も伝えるとよいでしょう．モービルなら市区町村名に加えて，今走っている道路の名称と進行方向を伝えると効果的です．今いる場所の市区町村名や道路名はカーナビなどで表示できる場合が多いので，それで調べ

コラム4-4　パイルアップという現象

　CQを出す人を大勢で呼んでいる現象（パイルアップ）が発生する場合があり，とてもエキサイティングです．この場合，CQを出した人は限られた時間でより多くの人との交信を行うがために，コールサインとRSレポートの交換だけで交信を終わらせる場合が多く，QSLカードの交換はあえて言わない限り交換OKとみなします．8Jや8Nで始まるコールサインでJARLが開設している局（特別局や記念局）の中には，「QSLカードはワン・ウェイで」とアナウンスしている場合があります．その場合，特別局側からはQSLカードが送られてきますが，ご自身からは送らなくても大丈夫です．

　ところで，パイルアップになっているからといって，大急ぎで交信したり，自身の名前や運用場所を省略しなければならないというわけではないのですが，相手局が急いで交信しようとしているかどうか，場の雰囲気を読んで臨機応変に対応します．実際にはパイルアップを発生させた側がオペレータ名や運用地の市区町村名を言ってきたら，それにあわせて，こちらもという考えでよいでしょう．

　とても短い交信で終わることが多く，交信できるかどうか（多くの局の中から選んでもらえるか）は別として，クルマで走行中にチャレンジできる場合もあるでしょう．

　パイルアップになっている局の中には，モービルから頑張って呼んできてくれたことを称えてモービルをあえて指定してピックアップしてくれる場合もあります．

　これとは逆のケースで，モービルでも，見晴らしのよい場所でCQを出すとパイルアップを経験できる場合があります．テンポよくリズミカルな交信を心がけて，できるかぎり多くの局と交信するのもまた違った面白さがあります．

● パイルアップのときの交信例
CQを出す局はJA1YCQ/1，それを呼ぶのはJQ1YDA/1モービルという例（HF, V/UHF共通）

JA1YCQ/1：CQ CQ CQ こちらは JA1YCQ/1 茨城県つくば市筑波山移動です．ジュリエット・アルファ・ワン・ヤンキー・チャーリ・ケベック　ポータブル1 つくば山 受信します．
（この途端，たくさんの人がワーっと呼び出す）
JQ1YDA/1：ジェイ・キュー・ワン・ヤンキー・デルタ・アルファ・ポータブル・ワン，モービル
（この場合，他局が呼び出し中でもかまわず送信してもよい．ただし他局との交信が始まったらその交信が終わるまで呼んではいけない）
JA1YCQ/1：聞き取れません．もう一度お願いします．
JQ1YDA/1：ジェイ・キュー・ワン・ヤンキー・デルタ・アルファ・ポータブル・ワン，モービル
（もう一度呼んでみる）
JA1YCQ/1：JQ1でモービルの方どうぞ．
（断片的に受信できた情報から呼び出す局を絞り込む．これを「指定」といい，指定条件にマッチしない局が呼ぶことは指定無視と言われ，恥ずべき行為とされている）
JQ1YDA/1：ジェイ・キュー・ワン・ヤンキー・デルタ・アルファ・ポータブル・ワン，モービルです．どうぞ．
JA1YCQ/1：ジェイ・キュー・ワン・ヤンキー・デルタ・アルファ・ポータブル・ワン，モービル，こんにちは．ファイブ・ナインです．どうぞ．
（コールサインのサフィックスのみフォネティック・コードで言うことがある．パイルアップのとき「レポートは…」も省略してRSレポートの数字のみを言うことも多い）
JQ1YDA/1：JA1YCQ/1 こんにちは，こちらからもファイブ・ナインです．ありがとうございました．
JA1YCQ/1：ありがとうございました．QRZ？
（QRZ？とはここでは他の局どうぞ，という意味．このあとJA1YCQ/1は再び多くの人から呼ばれ，どんどん交信していく．JA1YCQ/1は数回の交信に1回の割り合いで運用地とコールサイン，QSLはJARL経由でなどという情報をアナウンスする）

第4章　交信方法と手順を知る

ることもできます．

　名前は国内交信の場合は本名の名字の部分のみ伝えればOKですが，海外交信の場合やモールス通信の場合，オペレーター名として略した名前や海外の人にわかりやすいように短いニックネームで伝える場合があります（例：名前がヒデオの場合は"HIDE"など）．ただ，これを国内交信（CWを除く）で使うと違和感があるのでTPOが大切です．

③ QSLカードの交換要否

　CQを出して交信する人の多くは，SQLカード（写真4-4～写真4-8）を交換しています．QSLカー

写真4-5　QSLカードの例（裏面）
交信相手のコールサイン（To Radio，六つの枠の中に一文字づつ書く），交信した日時（DATE/TIME），RSレポート（RST），周波数（BAND）とモード（MODE）を記入すれば完成

写真4-4　QSLカードの例（表面）
この例では絵葉書風のデザインにコールサインや運用場所などが書かれている

写真4-6　QSLカードの例①
第4章の所々に掲載されているJH1YAKのQSLカードは「富士重工群馬アマチュア無線部」の力作

モービル・ハム入門 | 119

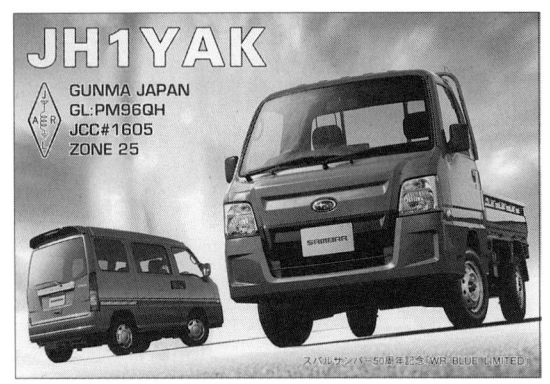

写真4-7　QSLカードの例②

写真4-8　QSLカードの例③

ドはCQに応答したり，CQを出して楽しむ場合は，ぜひ制作して，日本アマチュア無線連盟(JARL)のQSLビューローを通じて交換しましょう．JARLに入会すればJARLのQSLビューローが使えます．

④ その他の話題

　名前や運用地の紹介が終わったら，差し障りない話題で交信を楽しみます．モービルなら今いる場所の雰囲気(街のようすなど)，これから行く場所やどこから来たのかを話題にしたり，アンテナや無線機の紹介，送信出力などの情報を話し，話題をふくらませていきます．初対面，初めて話す人でも，電波伝搬への興味やアマチュア無線を楽しむという共通のテーマがあるので，そのような話題で交信を盛り上げるのもアマチュア無線の楽しみの一つです．

コラム4-5　CQという言葉の後に付ける語句

　呼出周波数を聞いていると「CQローカル」などという声が聞こえてきます．これはローカル局(友人・知人)を対象にしたCQで，それ以外の人は呼ばないようにします．そのほか，「CQ」のあとに「語句」を付け加える場合がいくつかあります．その一例を紹介します．

● 特定の地域などを対象にしたCQ

CQ 2エリア …「CQツー・エリア」と言う．2エリア，東海地方の局を対象としたCQ．これをエリア指定といい，数字の部分にエリア番号をあてはめてCQを出す．

CQ DX …「CQディーエックス」と言う．おもにHFで使う海外局を対象としたCQ．海外局もよく使う．日本の局がCQ DXと言っている場合は，日本の局は呼んではいけない．

● CQを出しているバンドを示すCQ

　無線機の性能が悪かった時代にどこのバンドでCQを出しているか付け加えていた時代の名残りと言われていますが，無線機の2波同時受信機能で144/430MHzの呼出周波数を同時にワッチしていたり，複数の無線機で呼出周波数をワッチしている場合，音声だけでどのバンドでCQが出ているのかがわかるメリットがあります．

CQ 430 …「CQフォー・サーティ」または「CQヨン・サン・マル」と言う．これは430MHzでCQを出していることを意味する．

CQ 2メータ …「CQツー・メータ」と読む．430MHz以外は周波数では言わずに，波長で表現するのが一般的．29MHz/FM(波長約10m)でCQを出す場合は，「CQ テン・メータ」または「CQ テン」というように，基本的に数字の部分は英語で表現する．

4-5　SSBモードを使った交信

　SSBモードを使った交信をマスターすると，国内外と幅広く，HFからV/UHFまでダイナミックな電波の飛びを楽しむことができます．

　SSBモードとFMモードを比べると，電波伝搬の側面では，SSBがより遠くの局と交信できる反面，ノイズが多く繊細なモードです．もう一つ大きな違いに，SSBには，呼出周波数や10kHz台がゼロまたは偶数の周波数を使うという「周波数ステップ」や「チャネル」という考え方がありませんから，ある意味，FMよりも使い勝手が悪いと感じるかもしれません．しかしながら，より遠くの局と交信にチャレンジできる環境と雰囲気，不特定局との交信を望む人がとても多いことはアマチュア無線だからできる楽しみ方を満喫できるモードとも言えます．

交信相手の探し方

　SSBモードでの交信は，不特定の人との交信が中心になるでしょう．交信相手を探すには，各バンドごとに表4-1（p.103）に示す範囲内をトランシーバのメイン・ダイヤルをぐるぐる回して，交信相手を探すのが基本になります．とにかくたくさんの人との交信を望むなら，HFでは7MHz，V/UHFだと144MHzがお勧めです．クルマから海外の人たちとの交信を狙うなら，季節や時間を選び，伝搬状態（コンディション）を意識しながら，14～28MHzを利用するとよいでしょう．

特定局との交信

　SSBモードを使った特定局（友人・知人）との交信は，呼び出し周波数がないことから，だいたいこのあたりの周波数を使うということを示し合わせて交信する傾向があるようです．

　例えば，関東地方（1エリア）の144MHzですと，SSBが使える周波数の上のほう（144.350～144.480MHz）で特定局同士と思われる交信が聞こえてきますが，平日の昼間は144MHzのFMは混雑しているので，FMよりも空いているSSBを使うようになったようです．

　また，HFなどでは昔からモービルが集まっている周波数があり，7MHzですと全国的に7.099MHzが挙げられます．しばらく受信して雰囲気を探ってみるのもよいでしょう．

144MHz SSBで遠距離交信を狙う

HF～430MHzまで楽しめるモービル・シャックのようす

SSBでの空き周波数の選び方

　CQを出そうとしたり，特定局を呼び出そうとする場合，周波数はどのように選べばよいのでしょうか？FMの場合はとにかくダイヤルを回して誰も交信していない周波数ならOKでした．ところがSSBの場合はそうもいきません．

　でもSSBという電波がもつ幅を考えれば簡単です．SSBの電波がもつ幅は3kHzですから，すでに使われている周波数，すなわちすでに交信中の人の音声が「ちゃんとした音声として復調できる周波数」から3kHz以上離れた周波数が空いていればそこを使っても大丈夫です．しかし，その周波数「付近」もだれか「ほかの人」が使っているかもしれません．もしその「ほかの人」がいた場合，その「ほかの人」からも3kHz離れた周波数を探ります．

　まとめると，運用周波数を決める場合，使おうと思った周波数の上下3kHzに誰もいない周波数であればよい．ということになります．

　SSBでも念のため，FMのときと同じく，周波数を使い始める前に，よくワッチして，簡単に「周波数チェック」を行ってみるとよいでしょう．

SSBでの交信方法

　CQを出している局を呼ぶのは，SSB運用が行われている周波数の範囲内でCQを出している人を探し出して，FMのときと同じように呼べばOKです．交信の進め方はFMのときと変わりません．もちろん，パイルアップになっている場合もあります．

　一方，ご自身でCQを出す場合，FMのときよりも長めに出すのがコツです．ダイヤルをグルグルまわしてCQを出す人を探している人に見つけてもらわなければ呼ばれないのですから，電波を出していないとその人は素通りしてしまいます．場合によっては粘り強さも必要になるでしょう．CQの出しかたを**コラム4-6**で説明します．

SSBでCQを出す場合は腰を落ちつけた状態で

　モービルで走行中は「CQを出している人を呼ぶ」運用に留めておき，ご自身でCQを出す場合にはできる限り停車した状態で，電波を発射する場所の市区町村名やJCCまたはJCG番号を確認してからCQを出すことをお勧めします．

7MHzで交信を楽しむ人たちのクルマ その1

第4章 交信方法と手順を知る

というのもHFやV/UHFの国内交信を楽しむ人たちにはアワード収集を行っている人が多いので，運用場所の市区町村名などは重要な要素でもあります．時間がたったら別の市や郡に入ってしまうような「動き」はあまり好まれないようですから，モービルからCQが出ていても，応答は避けられてしまうでしょう．

ところが，一定の場所に根を下ろして行う「移動運用」となれば，イメージは好転します．例えば，クルマを道の駅などに停めてモービル・ホイップのままでオン・エアしてもOK．これも立派な移動運用ですから，CQを出せば遠慮なく呼ばれることでしょう．

また，CQを出すときに運用地の市区町村名やJCC（市番号）またはJCG（郡番号）をアナウンスすると効果的です． （7M1RUL 利根川 恵二）

7MHzで交信を楽しむ人たちのクルマ その2

キャンピング・カーで無線を楽しむスタイルもある

コラム4-6　SSBモードでCQを出す方法

SSBモードでCQを出す場合，CQを出す人を探している人に見つけてもらえるように，FMモードで出すときよりも長めに出すようにします．

以下に144MHz（波長：2mのバンド）のSSBでCQを出す場合を例にしますと，以下の①の文章を2回ほど送信してから，②の文章を送信して受信します．30秒ほど受信して誰も呼んでこなければ，またこのCQを繰り返します．

誰かが呼んできて交信が始まれば，その交信を受信する人が現れ，交信が終わるのを待っていることがあります．交信が終わった直後に，「ほかにお聞きの方，いらっしゃいますか？受信します．どうぞ」というと，そのような人が呼んでくる場合があります．

① CQ CQ CQ 2メータ こちらは JA1YCQ ジュリエット・アルファ・ワン・ヤンキー・チャーリ・ケベック，東京都豊島区．ジュリエット・アルファ・ワン・ヤンキー・チャーリ・ケベック，東京都豊島区です．

② お聞きの局ございましたら，コールください．受信します．どうぞ．

モービル・ハム入門 | 123

索引

数字

73	107
3R登録局	19
4値FSK	39

アルファベット

AF DUAL	90
AJD	33
APRS	38, 42
AZ510	67
AZ805M	92
AZ910	67
Bluetooth	35
C4FM	40
CB無線	20
CH-600FXS	99
CQ	25, 120
CQ hamradio	51
CQローカル	24
CW	14
DIY	11
DJ-G7	96
DR-03SX	65
D-STAR	26, 40
DTMF	42
Es層	17
Eスポ	17
FDMA	40
FM	14, 121
FMモード	63, 102
FT-1900	64
FT1D	94
FT-7900	64
FT-857DM	66
FTM-10S	35, 86
FTM-400D	65
Google Maps	43
HF	17
IC-208	66
IC-7100	64
IC-DPR3	36
ID-51	96
ID-800	54
I-GATE	43
IRLP	41
JARD	52
JCC	32
JCG	32
KTEL	87
LSB	104
M72S	67
MAT-50	67
M型コネクタ	65, 83
PTTスイッチ	6, 87
QSB	28, 33
QSLカード	71, 118
QSY	33
Q符号	109
RJX-601	37
RSレポート	113
SRH940	99
SSB	14, 121
SSBモード	27, 64, 104
SWR	70, 85
SWRメータ	68
Sメータ	107, 114
TH-D72	97
TM-D710	66
TM-V71	64
USB	104
VoIP無線	40
VX-7	35, 94
VX-8D	97
WIRES	41
YL	116

ア

アース	66
圧縮	39
圧着端子	76
アナログ・レピータ	26
アマチュアバンド	15
アマチュア無線	22
アマチュア無線技士	49
アマチュア無線局数	13
アワード・ハント	32, 64
アンテナ	10, 65
アンテナ・チューナ	70, 83
アンテナ・ベース	65
アンテナ基台	80
イグニッション・スイッチ	89
位置情報	38, 44
移動運用	30

索引

移動体通信	12
井戸端会議	7
イヤホン・マイク	97
運用情報	26
エア・バンド	11
エリア番号	110
遠距離交信	16, 24, 28
欧文通話表	112
お手軽移動運用	31
オペレーター名	117
オン・エア	22

カ

回折波	17
海外規格	21
海外交信	119
開局申請	54
外部アンテナ	19, 20
外部マイク	19
技術基準適合証明	20, 53
基台	65
技適マーク	21
ギボシ端子	78
局	33
業務日誌	70
業務用無線	10
空中線電力	49
グラウンド・プレーン・アンテナ	66
携帯電話	8, 12
警察無線	11
ゲスト・オペレーター制度	60
交信可能距離	15
交信相手	22, 104, 121
広帯域受信機能	11
コーデック	40
コード化	39
コールサイン	53, 56, 105
国家試験	50
ゴムパッキン	81
ゴムブッシュ	76
コンテスト	32, 64
コントローラ	72
混信	12, 102

サ

サブ・チャネル	33, 108, 115
山岳反射波	17
資格試験	10
識別信号	53, 105
自転車モービル	34, 37
市民無線	20
シャック	31
社団局	60
周波数	17
周波数ステップ	104
周波数使用区別	16
周波数表示	24
消防無線	11
常置場所	110
シリアル番号	20
申請手数料	61
スキップ・ゾーン	17
スピーカ	83
スピーカ・マイク	97
スポラディックE層	17
制御コマンド	42
設置場所	110
設置方法	63
設備共用制度	60
センター・ローディング型	68
送信ボタン	6
送信出力	49

タ

ダイヤル	23, 122
大地反射波	17
チャネル	28, 121
中継局	9
直接波	17
通話可能距離	18
データ	14
デジタル音声通信モード	38
デジタル簡易無線	19
デジタル方式	39
テスタ	68
鉄道無線	11
電源	75
電源ケーブル	76
電子申請	58
電波の型式	56
電波の幅	102
電波型式	14
電波検問	62
電波利用料	18, 61
電離層	17
同軸ケーブル	65, 80
トーン・エンコーダ	41
トーン・スケルチ	41
トーン周波数	41
特定局	108

モービル・ハム入門 | 125

特定小電力無線	18	ポータブル	111
トグル・スイッチ	88	ホップ	17
トラッキング	44	ボディ・アース	66, 78
トランク基台	81		

ナ

日本アマチュア無線連盟	27, 52, 120
日本無線協会	50
ノード局	41
ノンラジアル・タイプ	67

ハ

パーソナル無線	21
ハイブリッド車	84
配線チューブ	75, 76
配線ルート	79
バイク・モービル	34, 111
パイルアップ	30, 118
波長	14
ハッチバック基台	81
パッチン・コア	69, 84
発電機	47
ハム手帳	27
ハンディ・トランシーバ	34
ハンド・マイク	84, 69
バンド	14
バンドプラン	16
東日本大震災	13
飛距離	20
非常時	25
微弱電波	21
ビューロー	31, 33
ビル反射波	17
秘話機能	12
フィールド	13
フェージング	69
フェライト・コア	69
フォネティック・コード	112
不感地帯	17
不特定多数	22
ブルートゥース	35
フレキシブル・マイク	69
ブレイク	8
フロント・パネル	72
ベース・ローディング型	68
ヘッドセット	19
ヘルメット	86, 93
ベルト・クリップ	98
変調方式	39
防水仕様	86

マ

マイク	6, 83
マグネット・アース・シート	66
マグネット基台	67, 81
マジックテープ	76
マリタイム・モービル	34, 111
丸端子	76
無線機	62
無線局免許	18
無線局免許状	48
無線工学	51
無線従事者免許証	48, 51
メイン・チャネル	33, 108
メリット表現	106
モード	14
モービル・ハム	6, 22
モービル・ブラケット	74
モービル・ホイップ	65
モービル用マイク	69
モールス通信	14
問題集	51

ヤ

八木アンテナ	111
養成課程講習会	52
呼出周波数	16, 23, 104

ラ

ライセンスフリー	18
ラウンドQSO	7
ラグチュー	16, 33
ラジアル	66
リグ	72
両面テープ	75
リレー	92
ルーフ・サイド基台	81
ルーフレール基台	81
レピータ	26, 33
レポート	114
ローカル	33
ローディング・コイル	67
ログ	70, 117

ワ

ワッチ	23, 33
和文通話表	113

著者プロフィール

7M1RUL
利根川 恵二（とねがわ けいじ）
第1章～第4章（一部を除く）担当

1963年　東京都板橋区生まれ
1991年　東京都練馬区にて7M1RUL
開局（第1級アマチュア無線技士）

バイク・モービルを楽しみたくてアマチュア無線の世界へ．電子工作が好きで，アンテナや自作の周辺機器などを作ってオン・エアしています．オフロード・ツーリングで移動運用の穴場を探したり，音声の交信に飽きたら画像通信やCWも楽しんだり，自作したリニア・アンプを使うために上級アマチュア無線技士の免許を取得したりなど，アマチュア無線を幅広く楽しんでいます．

JK1MVF
髙田 栄一（たかだ えいいち）
第1章，第3章（バイク，自転車）担当

1961年　神奈川県横浜市生まれ
1925年　神奈川県横浜市にてJK1MVF
開局（第1級アマチュア無線技士）

私にとってFTM-10Sは衝撃的な無線機でした．実は，この無線機の魅力に引かれて10年ぶりにリターン・ライダーとなりました．最近ではFT1Dをバイクや自転車に取り付けてWIRESで交信を楽しんだり，GPSログ機能で軌跡を表示させてスナップ写真と一緒に思い出を残しています．

JQ1KWX
倉田 和弥（くらた かずや）
第3章（クルマへのセットアップ）担当

1970年　愛媛県松山市生まれ
1984年　東京都世田谷区にてJQ1KWX
開局（第3級アマチュア無線技士）

学生時代に電話級（現4級）免許を取得し開局，翌年，電信級（現3級）を取得．高校では無線部でコンテストにも積極的に参加し，通学用の自転車にも自作の基台を付けて自転車モービルを楽しむ毎日でした．車の免許を取得してすぐにモービル局を開局．携帯電話のない時代，ドライブ中に交通事故に遭遇し，救急車要請などの通信を経験し，アマチュア無線の有用性を幾度も実感しました．

写真提供協力

JH1YAK	富士重工・群馬アマチュア無線部
WIRESライダーズ・クラブ	
JJ2YBB	東海WIRESハムクラブ
JF9NIN	松永 千鶴子
JS1BBV	越部 宗久
JA1RBY	中山 和雄
JM1IZV	中川 浩之
JR1WNM	三井 宏泉

取材・撮影協力

JR1WDレピータ・ユーザーの皆さん
JA1ABV　秋山 秀文
JH1PSN　東 サト（表紙モデル）

（敬称略・順不同）

■ **本書に関する質問について**
文章，数式，写真，図などの記述上の不明点についての質問は，必ず往復はがきか返信用封筒を同封した封書でお願いいたします．勝手ながら，電話での問い合わせは応じかねます．質問は著者に回送し，直接回答していただくので多少時間がかかります．また，本書の記載範囲を超える質問には応じられませんのでご了承ください．

質問封書の郵送先
〒170-8461 東京都豊島区巣鴨1-14-2 CQ出版株式会社
「モービル・ハム入門」質問係 宛

● **本書記載の社名，製品名について** ―― 本書に記載されている社名および製品名は，一般に開発メーカーの登録商標です．なお，本文中では™，®，©の各表示は明記していません．

● **本書記載記事の利用についての注意** ―― 本書記載記事は著作権法により保護され，また産業財産権が確立されている場合があります．したがって，記事として掲載された技術情報をもとに製品化するには，著作権者および産業財産権者の許可が必要です．また，掲載された技術情報を利用することにより発生した損害などに関しては，CQ出版社および著作権者ならびに産業財産権者は責任を負いかねますのでご了承ください．

● **本書の複製などについて** ―― 本書のコピー，スキャン，デジタル化などの無断複製は著作権法上での例外を除き，禁じられています．本書を代行業者などの第三者に依頼してスキャンやデジタル化することは，たとえ個人や家庭内の利用でも認められておりません．

Ⓡ ＜日本複製権センター委託出版物＞
本書の全部または一部を無断で複写複製（コピー）することは，著作権法上での例外を除き，禁じられています．本書からの複製を希望される場合は，日本複製権センター＜電話：03-3401-2382＞に連絡ください．

モービル・ハム入門

2013年9月1日　初版発行

© CQ出版株式会社　2013
（無断転載を禁じます）

CQ ham radio編集部 編
発行人　小澤　拓治
発行所　CQ出版株式会社
〒170-8461　東京都豊島区巣鴨1-14-2
電話　編集　03-5395-2149
　　　販売　03-5395-2141
振替　00100-7-10665

乱丁，落丁本はお取り替えします
定価はカバーに表示してあります

編集担当者　吉澤　浩史
本文デザイン・DTP　㈱コイグラフィー
印刷・製本　三晃印刷㈱

ISBN978-4-7898-1586-4
Printed in Japan